"十四五"时期国家重点出版物出版专项规划项目

大规模清洁能源高效消纳关键技术丛书

风电场信息化与大数据技术

郑源　刘惠义　江毅奋 等　编著

中国水利水电出版社
www.waterpub.com.cn

·北京·

内 容 提 要

本书包括风电场信息化和大数据技术两部分，重点介绍风电场大数据各种技术，并结合案例进行分析。全书分为八章，主要内容包括风电场信息化建设概述、风电场物联网构建技术、风电场信息管理系统、风电场云计算数据中心、风电场大数据的存储与管理、风电场大数据的高效处理、风电场大数据的分析与挖掘、基于大数据的风电机组全寿命周期评估与故障预测技术。

为了方便读者学习和理解相关内容，本书既有相关的理论分析，也有相应的实际应用，以期对从事风电场的工程技术、研究人员和大专院校师生有一定帮助。

图书在版编目（ＣＩＰ）数据

风电场信息化与大数据技术 / 郑源等编著. -- 北京：
中国水利水电出版社，2022.5
（大规模清洁能源高效消纳关键技术丛书）
ISBN 978-7-5226-0709-2

Ⅰ．①风… Ⅱ．①郑… Ⅲ．①风力发电－发电厂－管理信息系统－研究 Ⅳ．①TM614

中国版本图书馆CIP数据核字(2022)第084742号

书　　名	大规模清洁能源高效消纳关键技术丛书 **风电场信息化与大数据技术** FENGDIANCHANG XINXIHUA YU DASHUJU JISHU	
作　　者	郑源　刘惠义　江毅奋　等　编著	
出版发行	中国水利水电出版社 （北京市海淀区玉渊潭南路 1 号 D 座　100038） 网址：www.waterpub.com.cn E-mail：sales@mwr.gov.cn 电话：(010) 68545888（营销中心）	
经　　售	北京科水图书销售有限公司 电话：(010) 68545874、63202643 全国各地新华书店和相关出版物销售网点	
排　　版	中国水利水电出版社微机排版中心	
印　　刷	天津嘉恒印务有限公司	
规　　格	184mm×260mm　16 开本　14 印张　290 千字	
版　　次	2022 年 5 月第 1 版　2022 年 5 月第 1 次印刷	
印　　数	0001—3000 册	
定　　价	**78.00 元**	

本 书 编 委 会

主　　编　郑　源　刘惠义　江毅奋

副 主 编　周　伟　陈　亮　邹柏林　黄治中

参　　编　谭任深　张文鋆　顾　俊　黄叶雯　夏　沛　徐晶珺

　　　　　张海慧　张淇宣　邓正良　丘翊仙　马花月　杨　源

Preface
序

世界能源低碳化步伐进一步加快，清洁能源将成为人类利用能源的主力。党的十九大报告指出：要推进绿色发展和生态文明建设，壮大清洁能源产业，构建清洁低碳、安全高效的能源体系。清洁能源的开发利用有利于促进生态平衡，发展绿色产业链，实现产业结构优化，促进经济可持续性发展。这既是对我中华民族伟大先哲们提出的"天人合一"思想的继承和发展，也是党中央、习主席提出的"构建人类命运共同体"中"命运"质量提升的重要环节。截至 2019 年年底，我国清洁能源发电装机容量 9.3 亿 kW，清洁能源发电装机容量约占全部电力装机容量的 46.4%；其发电量 2.6 万亿 kW·h，占全部发电量的 35.8%。由此可见，以清洁能源替代化石能源是完全可行的。

现今我国风电、太阳能等可再生能源装机容量稳居世界之首；在政策制定、项目建设、装备制造、多技术集成等方面亦具有丰富的经验。然而，在取得如此优势的条件下，也存在着消纳利用不充分、区域发展不均衡等问题。目前清洁能源消纳主要面临以下困难：一是资源和需求呈逆向分布，导致跨省区输电压力较大；二是风电、光伏发电的出力受自然条件影响，使之在并网运行后给电力系统的调度运行带来了较大挑战；三是弃风弃光弃小水电现象严重。因此，亟须提高科学技术水平，更加有效促进清洁能源消纳的质和量，形成全社会促进清洁能源消纳的合力，建立清洁能源消纳的长效机制，促进清洁能源高质量发展，为我国能源结构调整建言献策，有利于解决清洁能源产业面临的各种技术难题。

"十年磨一剑。"本丛书作者为实现绿色能源高效利用，提高光、风、水、热等多种能源综合利用效率，不懈努力编写了《大规模清洁能源高效消纳关键技术丛书》。本丛书从基础研究、成果转化、工程示范、标准引领和推广应用五个环节着手介绍了能源网协调规划、多能互补电站建模、测试以及快速调节技术、多能协同发电运行控制技术、储能运行控制技术和全国集散式绿色能源库规模化建设等方面内容。展现了大规模清洁能源高效消纳领域的前沿技术，代表了我国清洁能源技术领域的世界领先水平，亦填补了上述科技工程领域的出版空白，望为响应党中央的能源转型战略号召起一名"排头兵"的作用。

这套丛书内容全面、知识新颖、语言精练、使用方便、适用性广，除介绍基本理论外，还特别通过实测建模、运行控制、测试评估等原创性科技内容对清洁能源上述关键问题的解决进行了详细论述。这里，我怀着愉悦的心情向读者推荐这套丛书，并相信该丛书可为从事清洁能源消纳工程技术研发、调度、生产、运行以及教学人员提供有价值的参考和有益的帮助。

中国科学院院士 卢强

2020 年 2 月

Foreword
前言

　　随着能源危机日益加深和环境污染日趋严重，大力发展可再生能源，已成为国际社会的广泛共识。2020年9月，习近平总书记在第七十五届联合国大会宣布：中国将提高国家自主贡献力度，采取更加有力的政策和措施，二氧化碳排放力争于2030年前达到峰值，努力争取2060年前实现碳中和。2020年12月，习近平总书记在气候雄心峰会上进一步宣布：到2030年，中国的风电、太阳能发电总装机容量将达到12亿kW以上。以风电、太阳能发电为代表的新能源行业将以更大规模、更高比例迈入高质量发展新阶段，进入大规模、高比例、低成本、市场化发展的新时代。

　　以大数据、云计算、物联网、人工智能等为代表的新一轮科技革命席卷全球，正在构筑信息互通、资源共享、能力协同、开放合作的新体系。智慧风电场顺应技术蓬勃发展的时机，在人工智能、大数据、物联网等技术领域深度融合，管控模式持续优化的基础上紧跟时代发展，通过建设覆盖全产业、全层级、全过程的智能化大数据平台，将先进信息技术、传统工业技术和现代企业管理技术深度融合，全面构建生产、经营和管理智能运作体系，打造市场响应迅速、生产运营高效、风险自动识别、决策管控智能的管理能力，从而在新能源命运共同体的时代背景下，实现自身的长足发展。《风电场信息化与大数据技术》就是在这种时代背景下编写而成的。

　　本书是《大规模清洁能源高效消纳关键技术丛书》中的一本，聚焦风电场信息标准体系构建、物联网构建、云计算数据中心、信息化管理等多个方面，涵盖风电场信息化和大数据技术两部分，重点介绍风电场信息化与大数据的各种技术，并结合案例进行分析。全书分为8章，主要内容包括风电场信息化建设概述、风电场物联网构建技术、风电场信息管理系统、风电场云计算数据中心、风电场大数据的存储与管理、风电场大数据的高效处理、风电场大数据的分析与挖掘、基于大数据的风电机组全寿命周期评估与故障预测技术。

　　本书内容丰富、结构严谨，为了方便读者学习和理解，既涵盖风电场信息化的理论知识，又有丰富的案例分析，理论与实践相结合，适合从事风电场工程技术的研究人员、管理人员，以及高等院校相关专业的师生参考阅读。

由于作者水平有限，本书中难免有不足之处，希望广大读者批评指正。

作者

2022 年 5 月

Contents 目录

序

前言

第1章 风电场信息化建设概述 ································· 1

1.1 风电场信息化建设现状 ····························· 1

1.2 风电场信息化总体架构 ····························· 4

1.3 风电场信息化建设内容 ····························· 9

1.4 本章小结 ······································· 16

第2章 风电场物联网构建技术 ····························· 17

2.1 风电场智能信息感知 ······························ 18

2.2 风电场网络通信 ································· 22

2.3 风电场数据采集和预处理 ·························· 29

2.4 本章小结 ······································· 34

第3章 风电场信息管理系统 ······························· 35

3.1 风电场调度自动化系统 ····························· 35

3.2 风电场运维管理系统 ······························ 37

3.3 风电场资源管理系统 ······························ 39

3.4 风电场物资管理系统 ······························ 39

3.5 风电场设备管理系统 ······························ 40

3.6 风电场生产管理系统 ······························ 41

3.7 风电场安全监察系统 ······························ 42

3.8 数据预警系统 ··································· 44

3.9 风电场故障专家库系统 ····························· 44

3.10 风电场综合管理系统 ····························· 45

3.11 本章小结 ······································ 46

第4章 风电场云计算数据中心 ····························· 47

4.1 概述 ··· 47

4.2 风电场云计算数据中心总体架构 ····················· 47

4.3　风电场云计算数据中心基础设施 ·· 48

4.4　风电场云计算数据中心应用层 ··· 51

4.5　风电场云计算数据中心的关键技术 ··· 52

4.6　规划与建设 ··· 54

4.7　风电场云计算数据中心的安全等级保护体系 ··· 60

4.8　本章小结 ··· 69

第 5 章　风电场大数据的存储与管理 ··· 70

5.1　概述 ··· 70

5.2　风电场大数据的分布式文件系统 HDFS ··· 81

5.3　风电场大数据的分布式数据库 HBase ·· 86

5.4　风电场大数据仓库 Hive ·· 97

5.5　本章小结 ··· 104

第 6 章　风电场大数据的高效处理 ··· 105

6.1　概述 ··· 105

6.2　分布式并行编程框架 ·· 106

6.3　Spark 分布式内存计算框架 ··· 110

6.4　流数据的实时计算 ·· 113

6.5　并行图计算模型 ·· 117

6.6　本章小结 ··· 119

第 7 章　风电场大数据的分析与挖掘 ··· 120

7.1　概述 ··· 120

7.2　风电场大数据的聚类分析 ·· 129

7.3　风电场大数据的分类方法 ·· 137

7.4　风电场大数据的回归方法 ·· 148

7.5　本章小结 ··· 157

第 8 章　基于大数据的风电机组全寿命周期评估与故障预测技术 ··············· 158

8.1　概述 ··· 158

8.2　风电机组异常数据清洗 ·· 158

8.3　风电机组全寿命周期评估 ·· 165

8.4　基于大数据的风电机组故障预测技术 ·· 175

8.5　基于大数据的风电机组工况预测方法 ·· 181

8.6　本章小结 ··· 184

附录 1　Hadoop 的安装与配置 ·································· 185

附录 2　HBase 的安装与配置 ·································· 193

附录 3　Hive 的安装与配置 ·································· 196

附录 4　Spark 集群的安装与部署 ·································· 200

附录 5　K – Means 实例代码 ·································· 202

附录 6　决策树分类算法实例代码 ·································· 203

附录 7　线性回归算法实例代码 ·································· 205

参考文献 ·································· 207

## 第 1 章

风电场信息化建设概述

伴随我国国民经济的快速发展和人民生活水平的提高，人们对电力的依赖程度越来越高，同时电力生产也越来越受到资源和环境的制约。为了实现可持续发展战略，提高电能使用效率已成为我国能源战略的一项重要内容。由于我国资源的严峻形势，发展可持续资源是长久之计。风能是一种有巨大发展潜力的无污染可再生能源，在未来的发展中扮演着不可或缺的角色。同时随着我国能源转型升级的日渐深入，风电规模飞速提升，从如何实现风电机组的高效稳定运行模式来看，还存在着很多弊端，为此如何在日常维护方面降本增效，成为风电产业实现新一轮腾飞前必须解决的问题，面对发展挑战，推动新能源场站信息化、自动化、可视化、智能化管理成为目标，因此风电场的信息化建设势在必行。本章主要介绍风电场信息化建设现状，对风电场信息化进行总体架构，同时阐述了风电场信息化的建设内容。

1.1 风电场信息化建设现状

风电的发展是可持续能源发展的重中之重。近年来，我国风电产业不断发展壮大，如图 1-1 所示的甘肃酒泉千万千瓦级风电场，是我国第一个千万千瓦级风电基地，也是目前世界上最大的风力发电基地。酒泉千万千瓦级风电场是国家继西气东输、西油东输、西电东送和青藏铁路之后，西部大开发的又一标志性工程，被誉为"风电三峡"。

随着新能源行业的快速发展，我国风电装机容量及单机装机容量急剧增加，截至 2018 年年底全国并网装机容量达 1.84 亿 kW，占全部发电装机容量 19 亿 kW 的 9.47%。随着风电装机容量的攀升及机组运行时间的增长，如何降低设备故障率、

图 1-1 甘肃酒泉千万千瓦级风电场

提高机组利用率、降低设备运维成本，进而提升风电场的收益，成为风电场运维工作的主要目标。

1.1.1 传统风电场存在的不足

1. 传统风电场运维模式的弊端

在我国风电发展初期，传统的风电场运维模式为保证安全生产、落实责任发挥了较好的作用。但随着风电的快速发展，尤其是分布式风电场小而散，传统的运维模式存在以下弊端：

（1）按照传统方式，每个风电场需配备运行检修人员，生产人员尤其是运行人员急剧增加，人工成本占比较大，与欧美国家相比差距较大，而且风电场运营管理质量难以得到有效控制，整个管理过程缺乏统一性、系统性与全面性，严重制约了风电场的可持续发展。

（2）运维人员经验和知识的积累，在传统风电场管理工作中采用"传、帮、带"方式，难以形成标准化流程，因此难以提升工作效率。

（3）在故障预判方面，传统的风电场管理方式是采用人为关注机组运行数据，通过个人经验预判故障的方式。管理层面与风电场之间信息不对称，分公司层面了解现场运营情况主要通过风电场上报的各类报表、报告，各风电场运营的真实数据的准确性、可靠性得不到保证，无法开展各风电场运营指标竞赛，无法实现有效的责任归位与绩效考评。由于各风电场作为独立的责任部门，各自为政，技术骨干、备品备件、试验设备等检修资源难以有效发挥作用，人员专业技能参差不齐，部分检修技术骨干对其他风电场技术支持的积极性不高。

2. 新建风电场的特点

近年来新建的风电场具有以下的特点：

（1）容量大、主机型号多。大规模风电场的建设主要是近年来通过特许权开发的项目，机型较为统一，有些项目由于分期建设也存在两种机型的风电场。型号多主要是受核准条件的制约，在统一规划的原则下，通过省级发展改革委按每期不大于 5 万 kW 的规模进行审批和建设。由于建设实施分阶段进行，故不同时期购买同类型风电机组存在供货及价格不同等方面的原因，导致大规模风电场的多期项目，会由多种类型的风电机组组成。

（2）区域大，电气系统复杂。项目规模大，机组台数多，导致占地面积增加，管理区域越来越大，场内电气系统电压等级高、电气设备日趋复杂化。

基于上述特点，早期的"运检合一、一岗多能"模式已不能适应现代化电场运行管理的要求，也就无法实现"保可用率、保电能质量、保安全生产"的"三保"原则，传统的单一风电场管理模式与区域化多风电场、多机型的管理需求矛盾十分明显。虽然新能源发展速度较快，发展规模较大，发展范围较广，发展程度较深，但随着装机容量的不断壮大，新能源发电的相关场站越来越多，这在提升我国新能源发电整体能力的同时，也给具体管理带来了一定的挑战。随着场站的增加，对其进行科学管理越来越困难，因为场站的位置较为偏远，整体站点较为分散，条件较为艰苦，管理的具体效率也出现了下降的情况。如果仍然依赖人工和现场操作的传统管理模式，势必会导致管理过程出现问题。从这些角度来看，探索建立一个区域化的集控中心，提升公司整体运营水平以及风电信息化管理水平势在必行。

与此同时，云计算、大数据、物联网浪潮汹涌，给诸多行业带来了技术创新、商业模式创新等方面的冲击和影响，风电行业概莫能外。因此，基于以上背景，为加强运营管理、技术创新、商业模式创新，赶上时代的步伐，众多风电企业做出了战略转型的重大决策，信息技术领域变革便是此次转型的重要推力，风电场的信息化建设显得尤为迫切。

1.1.2　风电场信息化、数字化、智能化建设现状

截至目前，我国信息化发展取得了长足进展，各领域信息化水平不断提升。互联网技术正从产业链下游向产业链上游即生产领域和能源领域发展。基于互联网与智能系统的广泛应用，可以实时感知、采集、监控生产过程中产生的大量数据，促使生产过程的无缝衔接和企业间的协同制造，实现整个生产业务链的智能分析和决策优化，这些变化必将为传统发电行业发展趋势带来颠覆性、革命性的影响，风电场正逐渐走向信息化、数字化、智能化的建设之路。

随着各风电企业装机容量的不断扩展，风电场数量的不断增加，原有风电场被动型、间断型和粗放型的运维方式已慢慢转变为主动、持续和精益化的运维方式，在转变过程中，各风电企业、厂家借助互联网、大数据、云计算等各种新兴技术不断对风电场管理提出创新及尝试。近些年，多家风电机组厂家提出了各具特色的数字化风电场概念，并建立了一些示范工程，取得了一定的创新和效果，但是这些示范性的数字化风电场都侧重于风电场侧的风电机组监控、运维和检修方面，没有实现对风电机组的自动化管控，并且还存在很多其他不足。

2010 年美国 IBM 公司首次发布了"智慧的电力"战略及系列解决方案，随后出现了智慧风电场概念。智慧风电场的概念虽已提出多年，但截至目前行业内对智慧风电场尚无统一定义。不过简单来说，智慧风电场是先进风力发电技术发展的产物，与数字化、信息化、智能化发展水平密切相关，相比数字化风电场，具有更强的发现问题、分析问题、解决问题的能力，具有更强的创新发展能力，并且智慧风电场绝不仅仅是智能化的另外一个说法，在智能化的基础上还包括了人的智慧参与、以人为本、可持续创新等内涵，实现智慧技术高度集成、智慧产业高端发展、以人为本持续创

新，从而完成数字化向智能化，再向智慧化的跃升。

目前国内已有多家风电机组开发商通过借鉴国际先进的管理方法，利用在风能领域强大的技术优势及专家资源，并结合自身的风电场投资管理经验，基于最新的物联网与云计算技术，形成了对风电场投资与生产的一整套解决方案，帮助客户实现先进的设计、卓越的运营以及高度的智能化，国内已有多家风电运营商开始尝试智慧风电场的建设。

同时，国内外对智慧风电场建设及其关键技术的研究也十分活跃，智慧风电场关键技术包括风电机组关键设备状态智能监测技术、智能故障诊断技术、风电机组智能控制技术、智慧运维技术、大数据智能分析技术、精准风功率预测技术、备品备件智能管理技术、风电场信息智能管理技术等。其中，风电机组智能控制技术已进行了大量的研究，并取得了较好的成果。而兆瓦级风电机组已普遍实现了自动启停、自动偏航、自动变桨、自动功率调节等功能。另外，针对利用信息化构建智慧风电场的研究，国内外学者所做的现有研究可归纳为如何通过网络通信实现区域风电场的远程监控，以及如何使用网络技术实现生产数据与电网调度共享。主要成果体现在大数据时代风功率预测在风电生产调度运营中的应用以及利用计算机技术、通信技术实现对风电机组的远程监控。

以上研究虽然通过信息技术一定程度上改善了企业的运营，但只是涉及智慧风电场的一些组成因素，没能够从系统化思维的角度对智慧风电场的构建进行具体论述，阐述比较笼统，不够具体。尤其没有在大数据智能应用方面有所突破，对提升区域规模风电场集中运营管理水平有限。因此，尽管国内一些风电企业也已开发应用一些智慧系统，但这些系统究其特点还是比较零散，没有洞察到风电行业运营的深层需求，其整体效果有限；并且大多侧重于智能算法、智能运维等局部功能智能化，或仅关注智慧风电场的局部控制或故障诊断，只体现了某一部分的数字化、智能化。

综上所述，智慧风电场的建设过程虽然尝试使用了大量新技术，但并不代表风电场具有了"智慧"，距离智慧风电场还有一定的距离，对充分利用人的智慧进行创新的智慧风电体系架构的研究迫在眉睫。

1.2 风电场信息化总体架构

数字化风电场的建立可以为风电运维提高效率，是实现风电场智慧化的基础。在完成数字化风电场的开发后，通过逐渐收集的风电场动态数据，对风电场进行更好的寿命评估、战略决策、未来预期，进而实现真正意义上的智慧风电场。本节将介绍数字化风电场和智慧风电场的总体架构。

1.2.1 数字化风电场建设的体系框架

风电场分布广泛，且大部分处于偏远地区，日常维护困难，亟须采用信息化的手段提高运行和检修的效率，数字化风电场建设就是把信息化的技术引入风电场的日常工作场景中，提高风电机组的发电水平，降低故障率，同时提高风电场员工的运行检修效率。

为了实现风电场运行管理一体化、检修管理智能化、备件管理数字化、设备管理信息化及安全管理智能化的"五个数字化"建设目标，首先需要建立风电场管理的标准化流程，统一物资编码、设备编码、备件编码，建设覆盖风电场的风电机组和升压站区域的无线和视频信号；然后在此基础上建设各类信息化的系统，通过物联网、人工智能、移动互联和智能穿戴等实现覆盖风电场生产管理各方面的软件系统，数字化风电场建设体系框架如图1-2所示。

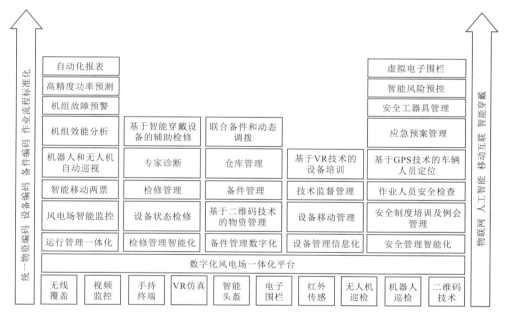

图1-2 数字化风电场建设体系框架

数字化风电场中基础建设包括无线网络覆盖和视频监控。其中风电场视频监控主要包括风电机组视频监控及风电场站内视频监控，视频需监控风电场所有设备及重要生产场所。

1. 风电机组视频监控

风电机组视频监控系统包括机组机舱和机组塔外视频监控系统，主要实现图像的采集、传输、分析、告警及监控功能。

机组机舱视频监控系统，充分整合视频监控存储技术、图像分析技术、智能分析机组内设备所处环境的变化，在风电机组内人员和设备（比如设备起火等）出现异常状况时自动告警。

机组塔外视频监控系统可随时观测相邻机组的运行状态、塔外道路、塔筒基础和箱变等塔外设施与环境，使运行人员在远程即可直观了解现场情况。

2. 风电场站内视频监控

风电场站内视频监控系统将风电场大门区域、升压站、开关室、中控室、继保室等区域采用摄像机拍摄的视频图像远距离传输到中控室，使主站的运行管理人员对场站电气设备的运行环境进行监控，保障场站的设备安全运行和人员安全生产。

运行管理一体化、检修管理智能化、安全管理智能化、设备管理信息化、备件管理数字化则为数字化风电场的系统建设。运行管理一体化通过建立风电场数据的统一管理、分析的系统，为运行人员提供更为方便的管理手段，通过风电场智能监控、机组效能分析等模块，借助移动终端等设备，全面实现运行管理的移动化和智能化，减轻运行人员工作强度，提高工作效率。检修管理智能化通过机组运行、风电场运维等数据，建立专家知识库系统，辅以手持终端、红外传感、智能无人机等，实现了新能源领域智能运维新模式，包括计划检修管理、智能巡检系统、设备更换闭环管理、消缺管理、技改管理、专家诊断系统、远程视频会诊等。安全管理智能化在实现风电场全场 Wi-Fi、视频监控全覆盖基础之上，借助移动终端，智能安防等设备，建立安全学习、预防、实时监控、应急处理等机制，让人员能够看到风险点、熟知风险点、理解风险点，真正实现对人员全方位、全角度、全过程的安全管控，包括作业人员安全检查、车辆人员定位、应急预案管理、智能风险预控、安全工器具管理等。设备管理信息化以设备台账为核心，参照标准编码为基础，实现设备编码、设备异动、故障记录、检修工单、维护与巡检工作的联动。备件管理数字化则通过二维码、移动终端、扫码器等技术，通过备件入库、存储、出库及报废等各个阶段的管理，通过数据共享，实现联合备件和动态调拨，优化风电场资源配置。

总的来说，数字化风电场建设是最大限度利用现有资源并引进各种数字化、智能化的设备和系统，旨在实现风机更优的控制与运行性能、更高的能量利用效率、更精准的状态监测、更高的设备可靠性、更少的人力需求和更大的发电效益，最终实现以人为本的专业管理、集约管理和业务协同的风电场智能管控，形成适合自身发展需求的、具备新能源行业特色的智能管理模式。

1.2.2 智慧风电场的体系架构

随着能源行业智能化的长足发展和深度融合的推进，智慧能源系统日益成为发展的共识。由于风电场具有单机系统相对简单，自动化、信息化程度高，场群分散，智能远控需求强等特点，其必然是智慧能源的先行者。因此，应深入研究智慧风电场，使其体系架构满足功能的实现，同时，智慧风电场的实现不能离开当前信息化发展水平的现状，数据的获取、存储、通信和安全等是必须充分考虑的因素。

智慧风电场的基础就是风电场的数字化管理，其核心为数据、信息综合处理及智能分析系统（简称信息智能分析系统），本质是信息化与智能化技术在风电领域的高度发展和深度融合。

在一定意义上，每一个风电场都相当于一个小型电网，是地理位置较广、具有一定规模的网络结构，且控制手段复杂多样。构建智慧风电场，离不开对广域分布的"小型电网"的智能化及其与骨干电网智能交互的研究。智慧风电场架构可从智慧风电场的生产管理和信息系统两个维度展开研究。

1. 智慧风电场的生产管理维度

（1）风电机组级，也就是应能自我调节、自我保护，对重大故障直接反应等基本功能的智能风电机组。

（2）场站级，也就是基于智能电网技术，能自主控制、自主优化，具有对环境（包括风能资源、电网）的快速反应能力。

（3）集控级，要求全面分析、全面统筹，对所属场站进行智能化管理，实现智能运维。

（4）集团化管控级，其任务是实现智慧发展，要求持续学习、持续优化，分类指导风电场智慧化发展。

2. 智慧风电场的信息系统维度

智慧风电场的信息系统维度分为基础设施级（硬件基础）、支撑平台级（软件基础架构）、应用平台级（建设目标的各类应用）3个部分。

对上述两个维度的有机融合是智慧风电场建设的基本要求，其体系架构如图1-3所示。

智慧风电场体系架构高效融合计算、存储和网络，以多元异构计算为基础来构建，形成边缘＋云端结合的智能架构，不同层级的计算能力和侧重点不同，整个体系结构的不同层次引入不同计算能力使之更加高效、实时地处理数据，使风电系统达到不同层级的智慧，如图1-4所示。

智慧风电场体系架构的最高层在集团或更高级别云平台，所有数据处理结果汇聚到集团云平台，辅助决策分析。边缘计算近设备端，云计算构建在云平台之上，因此各风电机组数据在风电场端融合汇聚后，到集团云平台之前，各风电场数据仍需在区域级汇聚并利用雾计算融合处理，以减少网络传输的压力。

智慧风电场体系架构应具备计算资源弹性配置的能力，以满足不同需求。体系架构从场站侧的边缘计算到集团云端的云计算，由于建设对象的不均衡发展，存在计算能力提升的速度不同、计算力发展不均衡的状况，因此需要对智慧风电场体系架构的

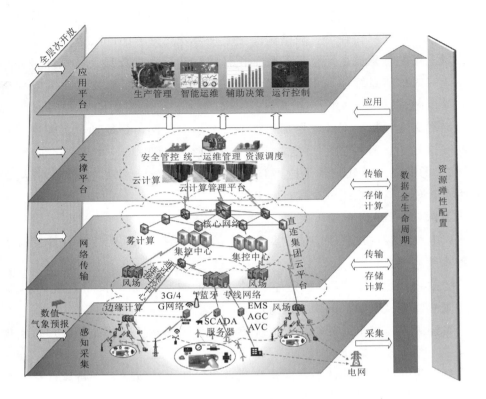

图 1-3　智慧风电场体系架构

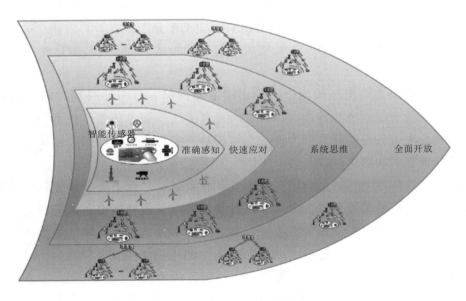

图 1-4　智慧风电场体系智慧层级

异构计算资源实行弹性配置来满足不同场景的需求。另外，由于技术发展的不均衡，区域集控的软硬件基础设施条件差别较大，智慧风电场体系架构需要根据这种不均衡现状灵活配置计算资源，对于基础设施差的风电场或集控，可将计算部署于集团云平台，对于软硬件设施先进的单位，可直接将计算过程部署在本地，条件好的风电场还可部署边缘人工智能（artificial intelligence，AI）运算。

因此，智慧风电场是一个复杂的系统工程，包括与智慧风电场相关的标准和参考体系架构的规划、设计，硬件基础设施搭建，网络拓扑结构设计，数据和系统安全，计算模型的构建，应用模块设计等。智慧风电场重新定义了风电场管理，提高了风电机组基于时间的可利用率，降低了设备故障发生率和故障时间，提高了风电场发电量，降本增效，实现了"无人值守、无人值班"的目的，是未来发展的大趋势。

1.3 风电场信息化建设内容

风电场信息化建设的内容是多样化的，目前国内已有多家风机开发商通过借鉴国际先进的管理方法，利用在风能领域强大的技术优势及专家资源，并结合自身的风电场投资管理经验，基于最新的物联网、大数据与云计算技术，形成了针对风电场投资与生产的一整套解决方案，对风电场信息化、智能化建设具有重要意义。

1.3.1 风电场信息标准体系

风电场信息化的建设离不开相应的信息标准体系，标准体系可为产品研发、风电销售交付整合、风电场运行、风电场运维、风电场运营、分布式能源领域转型提供技术指导。信息标准体系是统一风电认识、促进风电建设的技术基础。

信息标准体系规划的重点就是从风电场发展目标出发，通过系统梳理，分析风电场对信息标准的需求，构建风电场信息标准体系架构，指导具体技术标准的研究和制定，为风电企业信息化、数字化、智能化转型提供坚实的基础。

风电场信息标准体系建设包括以下部分：

（1）信息应用标准。信息应用标准主要包括信息系统的技术要求、功能规范，也包括指标、算法规范等。

（2）信息服务标准。信息服务标准主要包括系统间集成的接口服务规范，包括基础的数据访问服务，以及面向业务功能的计算分析服务。

（3）信息资源标准。信息资源标准主要包括信息分类与代码规范、信息模型规范等内容。

（4）信息通信标准。信息通信标准主要包括网络通信协议、文件格式。

（5）信息安全标准。信息安全标准主要包括电力系统二次安防、通信安全等规范。

（6）信息综合标准。信息综合标准主要包括系统性、支撑性的技术规范，包括大数据、云计算、适用性声明（statement of applicability，SOA）、主数据规范等。

1.3.2 风电场物联网构建技术

随着物联网技术的进步及其应用的逐步展开，物联网技术的应用领域不断拓展，已在智能交通系统、智能电网、移动物联网等领域得到了应用，其关键技术逐渐成熟。利用物联网的实时共享数据能力，能够打造一个智能网络，持续采集和分析数据，并从数据中学习，从而将传统工业提升到智能化的新阶段。

风电场中设备型号纷繁复杂，安装分散，数据规范性差，各种辅助系统信息孤立。采用传统的方案难以对数据进行有效的采集、分析和利用。通过使用物联网技术进行数字化改造，可以为风电场建立更加高效、开放、面向未来的数据采集系统。

风电场中的物联网建设是通过统一的物联网平台建设，实现风电站的智能感知控制，不仅可以实现生产过程的高度自动化、规范化，也可以实现安全生产、事故防范、应急抢险。重点生产区域实现视频监控接入、统一管理等；另外，通过对发电企业生产数据进行实时提取和分析，进一步实现"信息一体化"和"大数据的增值服务"。物联网的构建又包括风电场智能信息感知、风电场网络通信和风电场数据采集及预处理。

1. 风电场智能信息感知

风电场的智能信息感知利用数量众多的先进传感器、完善的通信系统和自适应控制系统，能够自主感知自身和邻近风机环境与运行状况，实现安全、高效生产。其中的智能传感器技术可以全方位实时感知、监测和收集覆盖区域内的风、风电机组和风场环境等各种信息，并实时传输到控制中心，减少设备故障，降低维修成本。风电机组、升压站、测风塔安装的传感器节点以有线或无线的方式构成传感器网络，智能传感器本身的设计、传感器节点的部署策略以及能量优化策略是传感器网络高效准确工作的重要因素。

2. 风电场网络通信

风电场多处在山区、草原、戈壁等偏远地区，手机通信信号无法覆盖或信号强度不够，风电场建设中的各应用系统模块、移动终端、智能设备均离不开稳定、高效、便捷的网络基础。而风电场中的网络通信分为短距离网络通信技术和长距离网络通信技术，风电场无线网络覆盖方案采用短距离网络通信（如 ZigBee 技术）和远距离网络通信（如 WiMAX 组网技术）可实现风电场风电机组和电气设备的网络全覆盖，为风电场信息化建设打下稳固的网络基础。

3. 风电场数据采集

风电场的数据采集包括四种数据采集方式，即风电机组的数据采集、升压站的数据采集、功率预测和控制系统数据采集和电能量数据采集。这些都会便于运行人员远程掌握现场风电机组功率自动调节情况，从而实现更好的管理，提高效率。

要构建一个安全的网络信息系统，根据 2014 年 9 月颁布的《电力监控系统安全防护规定》要求，系统按照"安全分区、网络专用、横向隔离、纵向认证"的原则进行设计。

考虑到系统维护方便、故障诊断容易、控制简单等因素，在基础建设时将网络信息系统与各个场站的连接采用星形结构，且皆采用双通道冗余设计。通道采用租赁不同网络运营商专线的方式解决。同时在网络设计时应考虑到计算机监控系统、工业电视系统、生产管理系统、调度电话、调度 OMS 系统等现有系统的接入以及未来扩建的需求。

风电场场站端数据采集网络结构如图 1-5 所示。每个风电场分有安全Ⅰ区和安全Ⅱ区，其中：安全Ⅰ区业务系统配置的监控系统有升压站电气监控系统，风电机组监控系统，AGC/AVC 系统、能量管理系统等各项生产控制大区的实时业务；安全Ⅱ区业务系统通过Ⅱ区交换机将发电出力汇聚后传送给风电场侧的数据采集服务器，风电场侧风电场Ⅱ区业务包括功率预测系统、电能采集系统等各项生产控制大区非实时业务。风电场侧风电场Ⅰ区和风电场侧风电场Ⅱ区之间通过防火墙进行安全策略防护，阻止安全Ⅰ区数据向安全Ⅱ区输送。

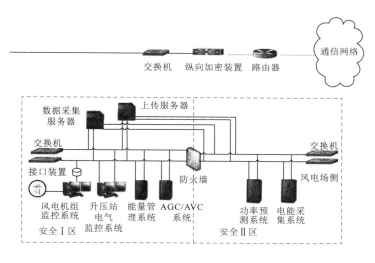

图 1-5　风电场场站端数据采集网络结构图

风电场数据采集服务器与各系统之间建立 TCP/IP 链路，使用电力系统规约（IEC104、modbus 等规约）进行数据采集交互。风电场侧数据采集服务器可以同时接收并转发安全Ⅰ区和安全Ⅱ区的业务数据，且服务器采用双机热备，无论哪个设备出现故障均可确保网络不受影响。为了保证各个系统之间的网络互不干扰，避免网络风暴，需要在第三方接入交换机上进行 WLAN 划分。

1.3.3　风电场云计算数据中心

风电场的云计算数据中心建设通常在一幢建筑物内，以特定的业务应用中的各类数据为核心，依托 IT 技术，按照统一的标准，建立数据处理、存储、传输、综合分析的一体化数据信息管理体系。一个完整的云计算数据中心由支撑系统、计算设备和业务信息系统三个部分组成。

云资源技术是将企业数据中心中所有服务器、存储和网络设备集中统一管理，通过资源池化、模板配置和动态调控等功能为用户提供整合的/高可用性的、动态弹性分配、可快速部署使用的 IT 基础设施；打破传统资源部署模式下应用系统之间的"资源竖井"，根据应用对资源的需求类别和程度动态调配资源，实现应用和资源的最佳结合。云资源技术在提高数据中心的运维效率，降低成本和管理复杂度的同时，自动化的资源部署、调度和软件安装保证了风电场业务的及时上线和应用的快速交付能力。云计算服务中心的机房如图 1-6 所示。

图 1-6　云计算服务中心的机房

在云计算数据中心的建设中，云数据平台建设是关键。云数据平台是从传统的信息化向"智能化、空间可视化、移动互联化"转变的重要基础设施，是集成企业业务数据、生产数据和空间地理数据的统一的数据管理分析平台，是企业进行大数据分析和资源优化配置的前提。另外，所建立的风电数据应用系统能够满足风电机组结构监测、风电机组运行状态监测等，如果是海上平台还能够满足海缆监测以及海上升压站监测。

1.3.4　风电场信息化管理

在国内，风电工程越来越受到了人们的重视，而想要提升风电工程的具体水平，就必须要加强管理，以国电电力为例，企业只有在现实情况下采取效率较高的管理手段，才能够保证风电项目正常、安全运行。对于风电项目来说，其在实际情况中包含了多种不同的种类，在进行实践操作时往往会涉及很多的数据信息以及分类资料，如果不能够在管理过程中融入信息化技术，就无法借助其强大的储存功能提升风电项目的管理水平，因此风电场的信息化管理极为重要。

随着人工智能、大数据等技术的快速发展，在风电信息化管理的实践过程中，逐渐形成了风电场信息管理系统。信息管理系统的实施将各个分支系统的相关信息进行了整合，包括风机监控系统、升压站监控系统等，整合后通过对数据进行抽取、整合、存储，较好地实现了区域数据存储、运行监控、指标管理、检修指导等功能。同时，在风电场信息管理系统的基础上，将工作重心放在核心生产经营指标的优化方面，较好地丰富了具体的运行方式，不断提升了精细化水平，增强了设备的可靠性。

另外，风电信息化管理的实践提升了经济效益，在信息管理系统实施后，可对区域公司的人力资源、备品备件进行合理调配，同时也对相关资金以及技术进行具体调控，节省了各个方面的成本，对资源进行了优化利用，实现了风电场群综合效益的最大化。

1.3.5　风电大数据

大数据技术的应用已经越来越广泛，但是大数据还是一个比较虚的概念，业界对大数据的共识为海量数据、巨量资料，由多种数据类型组成的信息资产。

大数据的基础是海量数据的存储。大数据的核心是尽可能使用全部的数据、全部的数据源，通过数据挖掘和机器学习，稳定快速地获取数据内在的规律以及发现新知识的一种科技预测能力。大数据的价值可以归结为两类：一类是新知识，通过大数据挖掘，发现以往没有的新规律；另一类是新结果，这些结果可以直接运用到相关的项目中，直接产生经济效益。

近年来，风电场信息化建设为大数据应用提供了现实基础，大数据方法成为风电行业问题解决的新方法。风机在运行过程中产生的数据种类多，数据量大。这些数据可以从风机的数据采集与监视控制系统 SCADA（supervisory control and data acquisition）中导出。风机产生的数据种类有温度数据，与能量转换有关的数据，风况数据，振动数据以及与偏航有关的数据等。这些数据之间相互关联，蕴含着风机正常运行的关键因素。

风电大数据除具有大数据的 4V（volume，variety，velocity，value）特点外，还具有独特的特点：

（1）数据质量差。风机的 SCADA 系统常年运行，且风电场所处的自然环境恶劣，难免会出现记录错误或者记录值丢失。数据在传输的过程中会受到噪声的干扰，难免会造成记录值失真。此外，风机作为一个复杂的系统，风机在运行过程中各部件会一定概率的出现故障，这些都会对数据的真实性造成影响。

（2）数据使用率低。就风电功率预测而言，物理法主要利用地形地貌信息以及数值天气预报信息（numerical weather prediction，NWP）构建预测模型；统计法通过建立历史功率以及数值天气预报与风电场输出功率之间的映射关系来建立预测模型。但是一台风机产生的数据种类众多，相互关联，在已有的风电功率预测模型中这些数据并没有得到有效利用。但是这些海量的数据中蕴含着风机正常运行的关键因素，对提升风电功率预测精度具有重要意义。

（3）数据采样间隔不统一、保存格式不一致。依据国家能源局的规定，数据的采样间隔应为 15min。但是风机 SCADA 系统导出的数据存在间隔为 10min 的现象，NWP 信息采样间隔为 15min。此外，风电场不同源数据的保存格式不一致。采样间隔不统一、数据保存格式不一致导致数据的可用性降低。

1.3.6　风电场信息化、智能化建设的实践探索

未来数年内，信息技术将成为影响并帮助企业实现自身业务流程优化和经营模式转变的主要因素，虽然目前建成的或在建的数字化风电场还处于较初级阶段，但随着"互联网＋"、信息化与人工智能等技术的飞速发展，在数字化风电场的基础上继续完善改进最终将达到智能化、智慧化，因此大型智慧风电场建设必将成为未来风电场的发展趋势。

在风电场信息化、智能化建设过程中应重点解决下述问题：

（1）完成对各类数据及信息的标准化工作，统一数据接口。

（2）完成对设备状态、人员考核、机组性能评价及优化、运维过程及运维质量评价、设备故障预警和分析、关键设备可靠性及安全性评价、部件寿命预估等工作过程的数字化及智能化。

（3）在数字化、信息化基础上，利用各类智能决策模型，实现风电场运维决策的智能化。

（4）完成信息智能分析系统与风电场主控系统的连接，以实现主控系统根据信息智能分析系统反馈的信息对风电机组运行状态的实时调整。

基于此，未来对风电场信息化、智能化建设的探索仍需进一步加强，不少学者也提出了相关设想，具体如下：

1. 数字电厂智能巡检技术

数字电厂智能巡检技术能够运用于风电机组日常管理中，通过图像识别、红外识别等智能化手段实现多区域、多机组的智能巡检。数字电厂将所有机组信号数字化、所有管理内容数字化，然后应用网络技术，实现可靠而准确的数字化信息交换、跨平台的资源实时共享，进而优化生产管理，为机组安全可靠运行提供科学指导。

在数字电厂的基础上，数字电厂智能巡检技术能进一步应用互联网、物联网、人工智能、大数据分析、云计算等信息化、虚拟现实等技术，对发电系统和数据进行深入挖掘，通过风电机组智能巡检的实施，以实现巡检机组全覆盖、巡检周期全覆盖、

巡检项目全覆盖，降低发电成本、提高上网电量、减少设备故障，最终实现电厂的安全、经济运行和节能增效，是更安全、更高效、用人更少、更绿色的智能化生产、智能化运营。

2. 风电场生产管理移动应用系统

风电场生产管理移动应用系统借助专用的移动应用网络和智能终端，将风电场生产管理从远方集控中心、风场值班室延伸到各台风机、远端升压站，实现了风电生产管理的跨区域协作、信息和数据的实时交互、工作过程远程实时监管等功能，在满足安全管控要求的前提下，降低了生产人员的安全风险，提高了风电生产管理的效率。

风电场生产管理移动应用系统硬件部分主要包括生产区域网络系统、智能终端、服务器等；软件部分主要包括服务器侧软件、Web 端软件以及移动应用 App。风电场生产管理移动应用系统中，主要集成了即时视频会议、二维码识别、近场通信 NFC（near field communication）、音视频直播等成熟技术，并集成了风电场已有的视频监控系统的数据。

3. 无故障风电场建设

建设无故障风电场是风电行业新的发展方向。风电场运行情况复杂，全年无故障实现起来虽具有较多难点，但是从深度定检、技术改造、智慧运维和性能提升等多个维度出发，提高风电场发电性能与经济效益，建设无故障风电场成为可能。无故障风电场建设对策如下：

（1）数据分析，深度定检。不同风场风资源条件不同，机组问题、维护水平参差不齐，对于风机的整机、机械、电气、各子系统进行深度定检是必不可少的过程，深度定检是通过在线和离线的方式采集机组振动、油液、电气指标、发电指标等数据，通过大数据分析平台和智能分析工具，对于风机进行全面分析和诊断，了解机组当前的运行状态以及存在的潜在问题，提出针对性的运维策略和技改方案。

（2）深度治理，技改优化。老旧风场积累的问题较多，通过深度治理将风机"焕然一新"，通过机械设备维护、电气系统维护、严重老化器件换新、标准化运维等方式，在此基础上，同步开展安全性提升和可靠性提升技改工作，如变桨防超速、超级电容改造、偏航防超速、并网系统优化、变频系统优化、机组可复位故障优化、场群控制等，从根本上解决机组的"顽疾"。

（3）健康管理，精细运维。风机可靠性提升之后，采用何种运维方式，将直接影响技改效果以及风场同年无故障目标的实现，基于健康管理的精细化运维是不二选择。使用智能化的健康管理系统，集整机、机械、电气、子系统状态检测、状态评估和故障预警功能于一体，提前预判机组问题，为运维提供方案和建议，配合健康管理的精细化运维，才能够让风机在发电时少报或不报故障。

（4）二次开发，提升性能。风场发电量的提升不仅和故障率有关，还和发电性能有关，如何提高单机的发电性能是一个关键问题，叶尖延长、更换长叶片、软件优化、提升额定功率、场群控制等方法都可以实现上述目标。通过对风机和风场二次开发，可提升风电场发电性能，改善风电场经济效益。

1.4　本章小结

本章首先介绍风电场信息化建设现状，从信息化到数字化、智能化到最终的智慧化需要经历一定的阶段，这也是风电场未来发展的趋势。其次给出了目前两种风电场信息化建设的总体架构。在此过程中可以发现它们基本都包含了数据的采集、数据平台、控制设备以及数据的应用四个层面，以此更好地运营管理风电场，形成完整的体系。本章最后从风电场信息标准体系、物联网构建技术、云计算数据中心、信息化管理以及风电大数据等方面详细地介绍了风电场信息化建设的内容以及未来对风电场信息化、智能化建设的探索，随着科技的进步，风电场正在成为标准化、信息化和智能化相结合的产物，是物联网、大数据、云计算、人工智能等多种技术的深度融合，具有开放性、学习性、成长性、异构性和交互性的特点，对打造安全、绿色、低碳、经济和可持续的现代智慧新能源产业体系具有重要的意义。

## 第 2 章

风电场物联网构建技术

物联网技术是指通过传感器、射频识别和全球定位系统等信息传感器设备，实现任何物品与互联网相连，最终实现对物体的智能识别、定位、跟踪、监控和管理的一种网络技术，已在工农业、物流等领域有了较大的发展。

风电场的物联网技术主要包括智能信息感知技术、网络通信技术、数据采集和预处理技术。风电场的智能信息感知利用数量众多的先进传感器、完善的通信系统和协同共享信息系统，能够自主感知自身和邻近风电机组的环境与运行状况，实现安全、高效生产。目前，风参数感知的技术路线主要分为实测感知和预测感知，单一的测风感知技术应用会存在信息滞后和误差较大的问题；利用物联网技术实现不同技术之间的优势互补，在风电场场域内实现多种感知技术的复合应用是风电场风参数智能感知的趋势。

在物联网中根据信息传输的距离不同，网络通信技术主要分为短距离和长距离网络通信技术。风电场的物联网技术中所使用的各类传感器一般以短距离网络通信技术形成传感器网，完成末梢节点的组网控制、数据融合和汇聚以及末梢节点信息的转发功能；再由一定的长距离网络通信技术，与不同风电机组共享信息，与总台连接，实现在线信息的采集和传输。

实时数据采集系统在风电场就地设置，通过实时数据接口机对下属设备进行网络通信，并且通过通用的接口协议（如 OPC、MODBUS、104 规约、102 规约等）为集控中心提供数据。系统采集数据后通过内部的接口协议汇总到集控中心。同时，将集控中心的控制指令，通过接口协议发送到特定风电场。各风电场侧也需要配置数据采集装置，以采集风电场内不同风电机组厂家、不同综合自动化系统的运行数据，包括采集风电机组监控系统信息、升压站监控系统信息、有功功率和无功电压控制、功率预测数据（测风塔）、保护信息、电能量计量信息、安防系统、消防系统、风电机组能量管理平台等，执行对风电场设备的控制指令，并完成不同协议类型数据的转换，为实时监测、数据展现、统计分析提供基础。数据采集接口应支持多种接口程序如MODBUS、OPC、103 规约、104 规约等电力系统标准接口，与电网调度端的通信接入设备必须满足电网要求。

风电场中的风电机组数据在采集、传输、存储等过程中不可避免地会产生错误、遗漏，且实际风力发电过程中弃风限电现象严重，导致电力系统中风电机组数据质量欠佳，存在较多越限和缺失等异常数据，不利于以风电机组运行数据为基础的相关应用的开展。因此，对风电机组实测数据做深度预处理是很重要的。

风电场的物联网技术将传感器、信号接收和发生装置与设备集成在一起，可以增加传感器感知风电场参数的范围，同时节省投资成本，在远程信息管理与状态监测方面具有以下优势：

（1）能够密集、实时采集风电场现场各类环境信息和运行数据，并安全有效地提供给发电企业控制系统供决策。

（2）场级工程技术人员可通过该系统对风电设备进行实时控制。

（3）中央指挥控制系统根据各类信息构筑传感资源云，提高风力发电设备控制指挥的效率和水平，提升远程监控系统的智能化水平。

（4）具有无限可拓展性，能够灵活布线，物联网技术可以使覆盖范围无限拓展。

（5）设备体积较小、灵活便捷，因此可以缩短工程施工时间。

2.1　风电场智能信息感知

风电场的智能信息感知主要检测的参数为环境风参数和运行状态参数等。环境风参数包括风速、风向、风密度等；运行状态参数包括风轮系统的风轮转速和叶片马达温度、传动系统的齿轮箱温度和轴承温度、塔筒振动加速度、发电机系统的发电机转速和绕组温度、液压系统的机舱温度和偏航系统的偏航变频器温度等。本章着重介绍风电场环境风参数信息的智能感知，即通过风参数智能感知技术获得风电场特定区域内的风能条件并利用这些数据与风电机组的发电量建立关联，进而调控风轮叶片，保持风轮转速相对稳定，从而保证风电机组的可靠运行。

2.1.1　风电场风参数的实测感知技术

风参数的实测感知技术中，风速的精准感知不仅有利于风电机组发电的最大风能跟踪，而且还能为风电机组的变桨距控制提供可靠的控制参数，对于降低风电机组的疲劳载荷和极限载荷具有重要意义。准确地获取风向可降低风电机组偏航系统的误动作次数，在提高风能捕获效率的同时，实现风电机组运行安全性和风电机组寿命的延伸。风密度是决定风电机组实际功率曲线的主要因素之一，对风电机组发电控制性能优化具有重要意义。可见，精确、全面、高效、经济的风参数感知不仅有利于提升风电场的发电经济效益，而且对提高风电机组的运行安全和控制性能具有重要的意义。

1. 基于机舱风速风向仪的风参数实测感知

根据工作原理，机舱风速风向仪可分为机械式和超声波式两类，如图2-1所示。

（a）机械式　　　　　　　　　　　　　（b）超声波式

图2-1　机舱风速风向仪实物示意图

（1）机械式风速风向仪。机械式风速风向仪的风速测量是利用一个低惯性的风杯部件作为感应部件，在水平风力的驱动下风杯旋转。由霍尔磁敏元件可计算出风速；风向测量是利用一个低惯性的风向标部件随风旋转，带动转轴下端的风向码盘，通过信号发生装置推算出实时风向。机械旋转式风速风向仪的结构简单、价格低廉，是目前风电场风速、风向测量的主要工具。但由于机械结构存在惯性延迟，在低风速（微风）时不工作，只能测量较高风速，所以测量精度不高，且存在磨损损耗，易受风沙、冰冻、雨雪干扰，寿命较低。

（2）超声波式风速风向仪。超声波式风速风向仪则是利用超声波时差法来实现风速的测量，超声波在风电场中的传播速度受风速的影响，监测不同角度超声波返回值，通过计算可得到精确的风速和风向。超声波式测量精度较高，且可测量瞬时脉动风速且不受风速大小影响。相比传统机械式风速风向仪，超声波式风速风向仪无摩擦损耗带来的一系列缺点，但成本高昂，同时易受恶劣天气影响。超声波式风速风向仪在现场得到了部分应用。

在风电场感知技术中，机舱式风速风向仪实测感知技术没有提供风密度参数，并且风速测量精度较低，使得风力发电系统不能实现最大风能跟踪，风能利用率低；此外，风向实测值的准确性和时间上的滞后性不能为偏航系统提供准确的偏航指导，影响了偏航系统动作的有效性和风电机组运行的安全性。

2. 基于机舱激光雷达的风参数实测感知

激光雷达感知技术（light detection and ranging，LIDAR）是指采用先进的无

线遥感技术，通过探测激光与被探测无相互作用的光波信号来遥感测量风速和风向。

经过大量现场试验，激光雷达在风参数测量应用方面取得了很好的效果。风电机组机舱的激光雷达感测精度高，风速测量误差不超过 3％；在风参数获取的时间尺度方面，激光雷达可提前 10s 获取即将传播到达风能的风速、风向信息，能为风力发电控制提供超短时间的预测参数。但是激光雷达属于精密仪器，价格较高，不适合广泛应用于大型风电场中。并且激光雷达前馈风参数感知是建立在湍流冻结假设的基础上，对风电机组前方的湍流效应和尾流效应考虑不足；另外，现有的激光雷达测风技术在低频段效果较好，雷达观测信号通过低通滤波，风力发电机控制器只在风电场风向低频变化时响应，对风速风向突变的情况假设过于理想化，需要建立风电场关联模型，已有学者开展了相关探索研究。

2.1.2 风电场风参数的预测感知技术

风能固有的随机波动性、间歇性、矢量多变性等特征仍是风力发电优化控制和并网面临的主要挑战。理论上，超前预知风速、风向、风密度等参数可为解决该难题提供强有力的技术方案，超前一定时间裕度的风参数预测不仅能降低风能的未知性给风力发电系统带来的风险，在提高风能利用率、增加风力发电效益的同时，还能为风电机组控制性能的提升拓展空间。

1. 风参数预测感知的方法和缺陷

风参数的预测感知技术研究可分为统计学方法和智能算法两条技术路线。其中，统计学方法通过对历史运行数据的统计分析，建立实际值与预测值之间的映射关系，典型的方法有最小二乘法、自回归滑动平均模型（auto - regressive and moving average model，ARMA）、时间序列法、小波分析法等；智能算法以大量的风电场运行数据为研究对象，通过模拟生物学或智能进化对数据集进行训练学习，达到风参数预测的目的，方法主要有神经网络法（artificial neural network，ANN）、支持向量机（support vector machine，SVM）、卡尔曼滤波法等。

利用统计学方法和智能算法进行风参数预测，可获取满足风力发电优化控制和电网调度需求的预测风速、风功率参数，对提高发电经济效益、降低风电波动性、提升风电并网的安全性和友好性具有重要的积极影响，在面向风电并网调度和风功率预测应用中已取得了很好的效果。但是，风参数预测感知主要对象为风电机组的风速、风功率预测，由于风向的随机变化和风密度的测取难度大，对于风向、风密度的预测较难展开；智能算法存在模型复杂计算量过大、神经网络存在最优网络结构难以确定和过度拟合等问题，会耗费大量的训练时间和内存，影响风电参数预测的时效性和风力发电的控制性能。

2. 风参数预测感知的修正

由于风的随机性和间歇性,使得各种预测方法都有其不同的适用条件和缺陷,这就导致了预测的精度受外在影响较大。为了获得较为准确的预测信息,必须对预测结果进行修正。此外,从风速影响因素、风速预测模型的参数优化以及实时风速数据等角度进行改进,也可以在一定程度上提高预测结果的准确性,但是效果并不明显。

从误差修正的角度,可采用马尔科夫链(Markov Chain,MC)对风速模型的预测值进行修正,其修正效果较好,能够获得相当精确的预测信息。其基本思路是:分别求出参数的实际值与模型预测值之间的误差序列,利用模糊 C -均值聚类对其进行状态划分;根据各误差状态计算出 MC 状态转移概率矩阵,计算预测误差修正模型的预测值,最终得到精度较高的预测值。

2.1.3 风电场风参数的智能感知技术

风电场风参数的智能感知方法可利用以上两种感知技术进行复合共享,构架如图 2-2 所示。风电机组上的各类传感器在风电场的空间上形成广域密集型分布式传感器网。传感器在网络内进行信息交互,可实现风电机组间风参数数据的机群共享。风电场风电机组通过远距离网络通信技术与风电场控制中心直接连接在一起,形成了风参数机联网。风电场域内实现机联网信息共享的基础条件突出、投资成本低、经济性好,具备从单机独立就地测风应用到机群多地空间测风共享应用的物理硬件可行性。

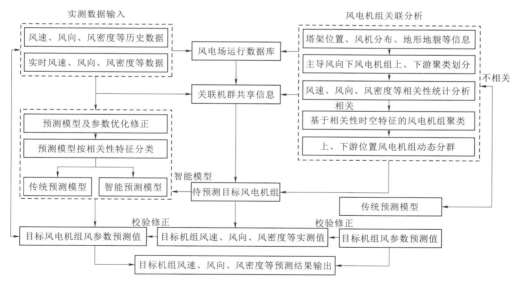

图 2-2 风电场风参数智能感知构架图

理论上,不同的感知技术组合应用,可实现实测、预测风参数之间的相互校验修正,输出更精确的不同时间尺度的风参数时间序列,以实现风速、风向、风密度等风参数的集群获取和精确全面感知，可满足不同时间尺度下的风参数预测需求。特别是面向风电机组变桨、偏航及发电优化控制需要的小时间尺度的风参数动态实时精确感知具有明显的优势，可有效提高风能捕获效率、减少风电机组疲劳载荷，让变桨、偏航控制预判成为可能。

风电场风参数智能感知的方法如下：

第一步，风电场风参数的智能感知方法以风电场实际运行历史数据为依据，建立风电机组风速、风向等风参数数据库。风参数数据库为共享关联的传感器网建设提供了基础数据来源；另外，利用数据统计方法分别从风速、风向等维度分析风电机组之间的相关性，为风电机组的机组分群提供依据。

第二步，将风电场内各风电机组装设的风速、风向传感器作为单个风参数传感节点，根据风电场的风电机组地理分布拓扑结构和整个场域的通信传输网络，构建分布于整个风电场的风参数传感器网，实现每台风电机组的风速、风向参数向全场域风电机组共享，为后续预测校验提供风电机组实测风参数数据；另外，不同应用场景下的风参数预测不仅要考虑风速、风向等参数，还需关注风参数在机组间共享传递的时序及其上、下游关系。因此，在对风电机组分组时，应根据风电机组在场域的上、下游地理位置关系，筛选出风速、风向相关性较强的机组，完成风电机组集类的快速识别与划分，从而对风电机组进行动态分群。

第三步，在经过关联分析和集类划分的风电机群中，划出待预测目标机组的所有上风位机组，共享这些上风位关联机组的所有风参数历史数据并进行模型训练。利用经参数修正后的预测模型和上风位机组的实测数据，预测目标机组多时间尺度下的风速、风向以及到达时间。在不同应用场景下由实测风速、风向数据完成目标风电机组的风参数关联预测感知，为风电机组在风力发电、偏航、变桨控制等多场景提供不同时间尺度、精确的风参数。

2.2 风电场网络通信

物联网构架中网络层的重要作用就是实现网络通信，网络通信技术是各单位之间进行信息传输和交流的物质基础，没有网络通信技术，物联网就不能"联"，也就不能构成"网"。

2.2.1 风电场中的短距离网络通信

短距离的通信技术具有传输距离短的特点，可以很好地缩短各种电子设备之间的通信距离，并且使用成本较低，所以应用范围较广。此外，短距离的通信技术应用在信息资源的传输当中有很多种传送方式，具体传送信息的内容可以根据使用要求和实际需要进行制定，所以在资源传输方面具有较好的便捷性，设计更加人性化，使用方式更加多元化。风电场中传感器获取的信息向外传递，可通过有线或无线通信方式。由于传感器部署位置灵活，风电场短距离通信技术首选便于调整、便捷的短距离无线网络通信技术。

短距离无线网络通信技术在进行通信的过程中无须线路进行辅助，能够实现点对点的直接传输，速度较快，所以在信息传输中具备较强的优势。同时短距离无线网络通信技术具有较高的安全性，在进行信息传输的过程当中，可以根据要求进行加密处理，不但可以做到信息的高效传输，还能更好地保证用户的信息安全。因此，将其应用在物联网建设当中，能够提高物联网系统的安全性。物联网技术中常用的短距离无线通信技术有蓝牙技术、Wi-Fi技术、超宽带技术、ZigBee技术等。

蓝牙技术是一种将语言通信和无线通信相结合的技术形式，具有开放性特征，在当前蓝牙的应用当中可以发展，能够有效减少电子设备之间通信的能源消耗，并且为短波通信技术的进一步优化提供了良好基础。而且，蓝牙作为一种信息传输技术，其在使用过程中发出的频率为全球统一的 2.4GHz ISM 频率段，这种频率的特点是传输速度极快。但是，蓝牙在风电场的使用过程中会出现较为明显的阻碍性，主要表现为在进行信息的传递时会产生实际传递距离补偿，在风电设备中应用的芯片价格较高，并且安全性较差。

Wi-Fi 系统的本质就是 IEEE 802.11 标准，Wi-Fi 技术的最快传输速率可高达 54MB/s，因此能满足绝大多数客户的需要。Wi-Fi 系统的整个网络架构组织比较简单，就需要 Wi-Fi 系统前端根据一定的标准设置相应的热点之后，在计算机能够处理的范围之内进行操作，就能够完成后续接收信号的目的，进而与互联网实现迅速连接。然而，Wi-Fi 系统的标准及内容非常复杂，最重要的是，不同的技术之间架构存在很大的差异性，而且技术的统一标准很难达成一致，安全性较差，因此 Wi-Fi 系统在风电场中的使用也存在一定的阻碍性。

超宽带（Ultra Wide Band，UWB）技术近年来不断发展，它是一种高速宽频通信系统，在信息传送过程中，速度可以达到 480MB，理论值是 1GB。UWB 技术运行在 311~1016GHz 频率之内，在传播过程中的范围不应该超过 10m，并且利用相应的调节机制，能够从一定程度上打破传统信息方式方法的限制，完全摒弃以前的调节机制来完成各种操作。因此，该项技术在信息传播过程中具有一定的优势。但是在风电场的实际应用时，其操作在控制过程中却存在很大的难度，在未来需要对这项技术进行进一步的研究和分析，才能够在风电场中推广。

ZigBee 技术能够实现在短距离内的数据传输，并且在构建基础上十分简单，这种传输技术的传输范围一般能达到 10~70m，能够在两种频段中进行免费传输，同时能够有效节省成本，对于整个传输过程能够提供比较完整的检查程序。ZigBee 技术的应用需要以 IEEE 802.15.4 协议为前提，优点是信息传输距离较短、能耗较低等，应用在远程控制和自动控制方面，需要进行相应设备的嵌入，多采取带有冲突避免的载波侦听多路访问（carrier sense multiple access with collision avoid，CSMA/CA）碰撞避免机制，可以在介质访问控制层（media access control，MAC）中进行数据传输的确认，发送的信息不需要经过接收方确认就可以进行传输，拥有很强的自愈性和自我组织性。在整个传输过程中能够针对传输的数据进行有效加密，能够更加有效地保证传输的安全性，并且在投入的过程中需要花费的成本较少，所需耗用的时间也相对较少，所涉及的协议内容也比较简单，能够有效降低风电企业成本，提高企业的经济利益。

在风电场的物联网构建中无线传感器网络一般采用 ZigBee 技术形成传感器网，传感器网由大量相关节点构成，负责将采集的风力发电设备运行数据经由汇聚节点传输至网关，无线传感器节点之间可以通过短距离自组织形成无线多跳网络。采集到的风力发电设备运行数据经由传感器节点到汇聚节点，然后由汇聚节点传输给网关，并最终由网关将数据上传。

1. ZigBee 传感器网络

ZigBee 传感器网络是由监测区域内的微型传感器，通过 ZigBee 通信方式组成的一个多跳自组织网络。在某些节点严重受损或网络结构因故发生变化时，可迅速调整拓扑结构以维持通信。ZigBee 传感器网络构架如图 2-3 所示。监测区域内，传感器节点采集的数据通过 ZigBee 终端沿着路由器节点逐跳传输，经过多跳后到协调器，经网关转发到达外部网络。

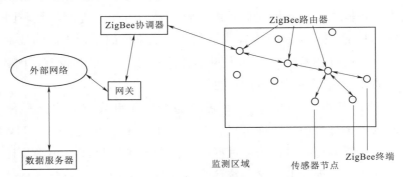

图 2-3　ZigBee 传感器网络构架

传感器节点是 ZigBee 传感器网络的基本单元，一般包括功能模块、控制模块、无线通信模块以及能量供应模块。功能模块完成监测信息的采集和数据 A/D 转换等；控制模块负责对数据进行存储和处理；无线通信模块负责与路由器进行通信；能量供应模块负责提供各模块工作所需能量。传感器节点结构示意如图 2-4 所示。

协调器是连接传感器节点与网关的纽带，它一方面保证来自上层相关指令的传

图 2-4　传感器节点结构图

递，另一方面保证获取的数据信息上传至网关。网关负责数据的转发及网络管理。数据服务器用于监控并管理传感器网络。

2. ZigBee 协议栈

ZigBee 协议提供了一个基于 IEEE 802.15.4 标准 MAC 层和端口物理层（physical，PHY）层的分层结构，其技术结构如图 2-5 所示。ZigBee 联盟在该基础上定义了应用层和网络层，这样的分层设计解决了无线传感器网络中对低功耗的要求，延长了供电电池的使用寿命。物理层是协议层

图 2-5　ZigBee 协议栈技术结构

的最底层，主要是启动和关闭无线传输接收器、传输与接收数据、使用频道的选择、数据调变传输和接收解调等。MAC 是基于物理层来提供服务的，负责设备间无线数据链路的连接、维护和终结，确保在物理层的数据服务中可以准确接收。网络层为应用层提供数据实体和管理实体两种服务实体，确保完成建立和维护网络的任务。应用层支持子层和应用框架，ZigBee 设备对象和用户应用程序共同构成应用层，提供高级协议栈管理功能。

2.2.2　风电场中的远距离网络通信

Wi-Fi、WLAN 等无线传输方式都不适宜风电场的远距离通信，其中 Wi-Fi 传输距离一般只有 50~100m，无法满足远程需要，而第三代移动通信技术（3G）则具有相对较窄的带宽，信号实时传输能力较弱，无法满足风力发电设备海量数据的采集和传输需要，其数据传输过程中产生资费也导致使用成本较高，虽然 WLAN 技术通信带宽满足要求，但无线信号传输距离和可靠性同样无法满足远程监控需要。

最新的低功耗广域网（low power wide area network，LPWAN）通信技术是目前超低功耗通信的代表，在解决低功耗同时实现广域互联，是目前物联网的热点通信技术。在风电场的实际应用中 NB-IoT 和 LoRa 为两大 LPWAN 技术代表，其中：NB-IoT 采用蜂窝通信技术，由运营商主导建设；LoRa 采用线性扩频技术，使用公用频段部署，企业主导建设。除此之外，WiMAX 组网技术也是一种出色的无线中远

距离传输技术，已开始应用于部分风电场的远距离通信。

1. LoRa 网络通信技术

LoRa 技术具有低功耗、远距离、低运维成本等特点，可以真正实现风电场物联网低成本全覆盖的要求。LoRa 的全称是"Long Rang"，是美国 Semtech 公司的一种基于扩频技术的低功耗超长距离无线通信技术，是 Semtech 公司的私有物理层技术，主要采用窄带扩频技术，抗干扰能力强，可以大大改善接收灵敏度，在一定程度上奠定了 LoRa 技术的远距离和低功耗性能的基础。

LoRa 技术采用基于线性调频信号（Chirp）的扩频技术，同时结合了数字信号处理和前向纠错编码技术，数字信号通过调制 Chirp 信号，将原始信号频带展宽至 Chirp 信号的整个线性频谱区间，从而大大增加了通信范围。LoRa 技术保持与频移键拉（FSK）调制相同的低功率特性并显著增加了通信距离，改变了以往关于传输距离与功耗的折中考虑方式，为用户提供了一种简单的能实现远距离、长电池寿命、大容量的系统，进而扩展传感网络。LoRa 主要在全球免费频段运行（即非授权频段），包括 433MHz、868MHz、915MHz 等。LoRa 网络主要由终端（内置 LoRa 模块）、网关（或称基站）、应用服务器和云存储等部分组成，应用数据可双向传输。

基于 LoRa 技术的网络层协议主要是 LoRaWAN，定义了网络通信协议和系统架构，LoRaWAN 的通信系统网络是星状网架构。主要分为：①点对点通信，就是 A 点发起，B 点接收；②星状网轮询，一点对多点的方式，一个中心点和 N 个节点，由节点出发，中心点接收然后确认接收完成，下一个节点继续上传，直到 N 个节点完成，这算一个循环周期；③星状网并发，也是一点对多点的通信，不同的是多个节点可以同时与中心点通信，从而节约了节点的功耗，避免了个别节点的故障而引起网络的瘫痪，网络的稳定性得到了提高。

2. NB-IoT 网络通信技术

NB-IoT（narrow band internet of things）是可与蜂窝网融合演进的低成本、电信级高可靠性、高安全性的广域物联网技术。NB-IoT 构建于蜂窝网络之上，只消耗约 180kHz 的频段，可以直接部署于全球移动通信系统（global system for mobile communication，GSM）、通用移动通信系统（universal mobile telecommunications system，UMTS）网络和长期演进系统（long term evolution，LTE）网络。NB-IoT 采用授权频带技术，以降低成本。NB-IoT 数据采集后可直接上传到云端，不需要通过网关，简化了现场部署。

NB-IoT 占用 180kHz 的带宽，再考虑两边的保护带，共计 200kHz，支持三种部署场景，如图 2-6 所示，分别是：①独立部署（stand-alone），GSM 的信道带宽是 200kHz，正好给 NB-IoT 带宽腾出了空间，两边还有 10kHz 的保护间隔，还与 LTE 中的频带不重叠，因此适合用于 GSM 频段的重耕；②保护带部署（guardband），就是利用 LTE 系统中无用的边缘频带，将 NB-IoT 部署在 LTE 的保护带内；③带内部署（in-band），可利用 LTE 载波中间内的任何资源块，无限接近于 LTE 资源块，为了避免干扰，第三代合作伙伴计划（the 3rd generation partnership project，3GPP）要求 NB-IoT 信号的功率谱密度与 LTE 信号的功率谱密度不得超过 6dB。

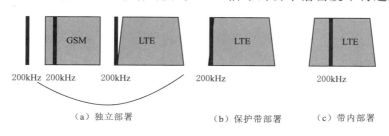

（a）独立部署　　　　　　（b）保护带部署　　（c）带内部署

图 2-6　NB-IoT 支持的三种部署方式

NB-IoT 的物理信道很大程度上是基于 LTE 的，NB-IoT 的下行采用正交频多分址技术，载波带宽是 180kHz，这确保了下行与 LTE 的相容性。对于下行链路，NB-IoT 设计了三种物理信道，包括窄带物理广播信道、窄带物理下行控制信道、窄带物理下行共享信道；还定义了两种物理信号，即窄带参考信号、主同步信号和辅同步信号。通过缩短下行物理信道类型，既满足了下行传输带宽的特点，也增强了覆盖面积的要求。NB-IoT 上行支持多频传输和单频传输，多频传输的子载波间隔是 15kHz，对速率要求高的可以采用这个；单频传输的子载波间隔是 15kHz 或者 3.75kHz，对广覆盖范围有要求，可以使用这个。NB-IoT 定义了两种物理信道，即窄带物理上行共享信道，窄带物理随机接入信道和一种上行解调参考信号。

NB-IoT 具有以下优势：

（1）海量链接的能力，在同一基站的情况下 NB-IoT 可以比现有无线技术提供 50～100 倍的接入数，适用于风电机组分布广数量多的大型风电场。一个扇区能够支持 10 万个连接，设备成本降低，设备功耗降低，网络架构得到优化。

（2）覆盖广，在同样的频段下，NB-IoT 比现有的网络增益提升了 20dB，相当于提升了 100 倍的覆盖面积。

（3）低功耗，NB-IoT 借助节电模式（power saving mode，PSM）和超长非连续接收（extended discontinuous reception，eDRX）可实现更长待机，它的终端模块待机时间可长达 10 年之久。

（4）低成本，NB-IoT 和 LoRa 不同，不需要重新建网，射频和天线都是可以复用的，风电企业预期的模块价格也不会超过 5 美元。

特别的，NB-IoT 是面向第五代移动通信技术（5G）的物联网技术，它是 5G 商用的前奏和基础，只有 NB-IoT 等基础建设完整，5G 才有可能真正实现。目前 NB-IoT 已经正式纳入 5G 候选技术集合，未来将作为 5G 时代的重要场景化标准持续演进，也将成为 5G 时代物联网主流技术。

3. WiMAX 组网技术及其在风电场中的应用

WiMAX（Worldwide Interoperability for Microwave Access，WiMAX）是由 IEEE 提出的一种标准化技术，也是当今世界范围内关注度极高的无线宽带接入技术，以 IEEE 802.16 系列标准为基础。最新的 WiMAX 2.0 即 IEEE 802.16m 系列标准于 2011 年 3 月颁布。该标准的数据速率上限远高于 WiMAX 1.0，可达其数倍。

WiMAX 具有传输距离远、接入速度高、抗干扰能力强、准确性高、安全性好、服务质量高、建设成本低、可扩展性高、易维护等特点，已广泛应用于金融网络业务、远程教育、公共安全、校园网、城市无线业务接入和远郊通信网络等。WiMAX 能够提供面向互联网的高速连接，网络覆盖面积比移动通信 3G 基站大 10 倍左右，其传输距离最远可达 50km，具有较高的网络接入速度，最大传输速度可达到 74.81Mbit/s，每个频道的带宽可达到 20MHz。

风电场一般建立在较为偏僻空旷的地区，WiMAX 接入网设计过程中，设计人员可有效利用正交频分复用技术（orthogonal frequency division multiplexing，OFDM）与正交频分多址（orthogonal frequency division multiple access，OFDMA）应对风电场不良的无线传播环境。如果相邻小区采用同一频率，将会造成频率资源紧张和同频干扰问题，针对这种情况，设计人员可合理进行频率复用与分配。若频率复用因子为 1，则应通过扇区化技术进行频率复用，以有效控制干扰问题。在使用相同扇区结构的过程中，如果系统的频率复用因子为 4，那么其网络容量与传输速率等性能都非常良好，比频率复用因子为 1 的系统更加优质。因此，可利用扇区化小区结构，同时采用频率复用因子大于 1 的小区规划方式。WiMAX 组网过程中，中心基站是最核心的单元，只有通过它才能接入到因特网，其他基站则附属于中心基站，利用无线通信方式实现因特网连接，无法直接进行接入。非中心基站的上行数据会汇聚到中心基站，并通过中心基站发送到因特网。因特网发往所有基站的下行数据会先发送至中心基站，然后从中心基站转发到各个非中心基站。

在风电场的实际应用中无线传感网对风电场进行周期性采集，经过 WiMAX 的物理层和 MAC 层处理后，数据将被发送至远端基站，并最终传送到中心基站，网络结构如图 2-7 所示。在此过程中，基站根据网络覆盖情况动态分配带宽。考虑到需要避免传输过程中的电磁干扰问题，采用光缆将中心基站接到因特网上。远端基站和中心基站之间无中继基站，因此，风力发设备远端基站直接与中心基站进行通信。基站与基站间采用 5.8GHz 频段，风力发电设备和远端基站之间通信采用 3.5GHz 频段。在频率覆盖范围方面，虽然远端基站与中心基站存在部分重叠，但使用频段不同，不会造成同频干扰。

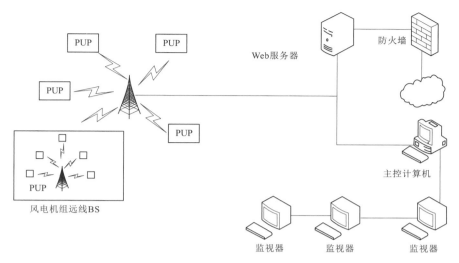

图 2-7　风电场 WiMAX 网络结构

2.3　风电场数据采集和预处理

2.3.1　风电场的数据采集

　　数据采集是风电场物联网构建技术的重要组成部分，只有实现了必要的数据采集，才能实现远程监控及其他应用。实时数据采集系统采用高效的数据块传输机制，数据块作为最小单元，可自定义采集频率，合理进行打包处理，以提高采集效率，数据采集频率可达到毫秒级，有良好的实时性、响应性、并发性和可扩展性。数据采集系统应提供数据缓存机制，当风电场现场与集控中心无法进行通信时，将数据缓存在数据采集系统中，当通信恢复时将缓存数据上传至集控中心，避免数据丢失。

　　实时数据采集系统统一定义风电场设备测点命名和编码规则，统一定义了风电机组、升压站等的通信规约，并完成不同协议类型数据的转换，为实时监测、数据展现、统计分析提供基础。此部分功能实现均不应影响各风电场已有相关设备系统目前与电网调度端的通信。实时数据采集系统有良好的实时性、响应性、并发性和可扩展性，并考虑到一定的网络冗余，以提高系统的可靠性和安全性。实时数据采集系统上传的数据包含时间戳。在通信中断时，实时数据采集系统至少保存 168h 内的数据，在通信恢复后，继续上传到区域管理中心，以保证关键统计数据的连续性和准确性。在现场无须针对设备种类或者风电机组种类配置多个数据采集装置，只需要根据采集数据点量配置相应的数据采集装置，为保证数据采集的稳定、可靠运行，现场一般情况下配置 2 台接口机。

1. 风电机组数据采集

风电机组的数据采集一般有两种方法。

方式一：在风电机组侧增加硬件终端，组织场站控制终端生产厂家研发风电机组侧控制终端，风电机组侧控制终端部署在每台风电机组底部主控柜内，一方面与风电机组主控通过网络通信；另一方面与风电机组变流器通过电缆连接，实现数据采集与指令转发功能。风电机组控制终端对外利用远距离网络通信，场站控制终端联通，建立起完整的数据网络。风电机组控制终端与风电机组主控及风电场为了完成数据采集和通信，风电机组控制终端至少应具备以下功能：

（1）实时采集风电机组电压、电流、风速等模拟量，计算有功、无功输出；实时采集风电机组启停、电压穿越等运行状态信息，可通过硬接点开入监控状态量；数据刷新周期不大于 100ms。

（2）具备模拟量信息与数字量信息逻辑判别和运算功能。

（3）支持 MODBUS、IEC104、CAN 等主流通信规约，能与风电机组主控和场站控制终端通信。

方式二：优化现有 OPC Server 程序。在不改变各风电机组至场站风电机组监控系统数据传输方式的前提下，由风电机组监控系统厂家对现有 OPC Server 程序重新开发，包括提供更多的机组遥信、遥测数据点位，开放机组管理模块相应功能，支持远方遥控等。

两种数据采集方式在技术路线上存在较大差异，方式一实施难度较大，所需费用高，但实时数据通信稳定性强，而且打破了现有数据壁垒，将风电机组及输变电设备纳入了统一系统管理，不仅满足了当前机组精益化的控制目标，也为后续监控系统功能扩充、升级改造奠定了基础，因此应当作为首选方案考虑。

2. 升压站数据采集

升压站数据采集是保证远程监视升压站设备运行的基本需要。升压站设备主要包括送出系统、主变压器、35kV 开关柜等，为此升压站子站采集升压站综合自动化系统的后台运行数据即可满足条件，根据运行操作需要能够根据调度指令或其他控制指令对升压站内电气设备进行控制。远程集控系统将各子站风电场的数据采集汇总后进行重新组态，将按照国标的设备符号进行组态画面。升压站数据上传到集控中心后，将按照用户需要以便捷操作、清晰明了的方式展现，并对可控的断路器和隔离开关相关"五防"逻辑进行控制流程设计。

3. 功率预测和控制系统数据采集

按照电网运行需要各场站都进行了功率控制系统（AGC/AVC）装置设置。集控中心能够接收、汇总显示和记录各子站上传来的功率控制系统相关数据，包括 AGC/

AVC 调节状态量信息和数值量信息、有功（无功）调节计划曲线、有功（无功）调节出力曲线、实时调节目标值等。具体到远程运行监控，AGC 能够将从电网调度接收的各场站电量目标值，以自动或手动的方式下达给对应的各场站的风电机组能量管理平台或光伏综自后台（光伏的数据需要精确到单台逆变器目标值），实现集控中心对各场站负荷的自动控制，满足电网负荷平衡要求。

结合电网对母线运行电压偏离度不大于正负 5% 的要求，集控中心 AVC 需能够接收各场站电压目标值与运行偏差等信息并显示，提醒值班人员对 AVC 运行进行远程控制。一般情况下，功率控制系统（AGC/AVC）应由电网调度直接下发目标值至场站装置就地调节，遥调功能作为备用方式。

4. 电量数据采集

对于风电场电量数据，目前是由现场运行人员现场手动抄表，并报送相关部门。基于物联网的智能风电场数据采集通过风电场电量计量装置、多功能电能表采集各计量点电能表计的电量数据（包括正、反向有功电量和无功电量表底值、负荷曲线、冻结值、表计状态信息，如 TV 缺相、TA 断线、相序错误、失电等事件、报警状态等），实现电量数据、表计状态信息的自动周期采集，自动和人工启动数据补采以及参数下装、存储和查询等功能。采集电量数据包括风电场内风电机组、集电线路、箱变和关口表等电量信息，采集电量数据来源是原变电站监控系统。当主站与某个采集终端、电表通信中断时，通信中断时的电量数据仍可保存，一旦通信恢复后，主站能够自动根据事件记录对采集中断期间的全部电量数据自动补采，如因网络原因造成的中断可支持断点续传功能，如有异常系统支持自动提示功能。

基于物联网的智能风电场数据采集系统支持校表模式，当主表故障时，以校表电量代替主表电量，为此现场应有主备表。系统支持旁路替代处理，当发生旁路替代时，系统产生旁路替代信息，系统可以通过旁路替代信息进行自动或半自动旁路计算，并能正确处理线路切换期间的电量分流情况，保证数据的完整性和准确性。旁路替代信息也可从数据采集及监测系统、人工输入替代信息中获得。当系统检测到旁路替代时，可以给予一定形式的报警。系统可以对电量数据采集状况进行检查，当发现缺数和电量长期无法采集的情况，也可以给予一定形式的报警。当通信通道故障时，采用便携式计算机到现场抄录采集终端所存储的电量数据，返回主站后联网读入。

风电机组能量管理平台数据采集是为了便于运行人员远程掌握现场风电机组功率自动调节情况。风电机组能量管理平台可以接收电网指令实现对风电场运行某机型风电机组的统一集中功率控制，结合电网 AGC 调节要求，系统能够采集风电机组能量管理系统运行数据，包括限电量、理论电量等，以便于运行人员及时掌握能量管理平台的运行情况。

2.3.2 风电场的数据预处理

1. 风电机组异常越限数据识别技术

风电机组实测输出功率数据集合中存在大量越限数据，严重制约着风电机组数据的运用。基于风功率数据统计分析和数据异常类型划分，有多种异常数据识别、剔除方法策略，一般主要从以下方面入手：

（1）根据风电机组运行机理以及其非线性功率曲线特性，确定一定风速条件下运行风电机组理论输出功率范围，建立功率输出边界线模型，进而实施异常数据的识别和剔除。此方法对于风电机组的非线性功率曲线依赖性较强。

（2）通过异常数据特征的分类，考虑异常数据的不同特征类型，选择适宜的方法实现异常数据的识别、剔除。此方法存在一定的片面性，无法实现高效准确识别、剔除异常数据。

（3）基于风电机组实际输出功率概率分布特性的统计分析，确定一定置信度条件下的输出功率变化范围，识别、剔除异常数据，但通常情况下风电机组实际输出功率概率分布为非对称分布，如果采用基于正态分布假设的建模方法，势必会引起异常数据识别错误，造成数据误删。

根据风电机组运行机理和运行策略、Copula理论等确立精细化置信等效功率边界曲线，引入风电机组转速辅助识别因子，构造风电机组越限数据识别的三维模型，是一种更为高效的异常越限识别技术。这种技术能更有效地剔除原始数据中的异常越限数据，提高数据有效性，结合描述性统计量指标和定义置信度带宽比指标全面评估清洗后的数据质量，进一步给出数据清洗模型性能评价及实时更新机制。

具体步骤为：首先，结合出厂功率曲线、风电机组理论启停风速值以及风能最大利用率理论，得出三维联合边界，且考虑风电机组实际运行中的随机不确定性，引入缩放系数形成弹性运行边界，按照风速运行区域划分对明显异常数据进行初步处理，剔除明显异常数据；其次，对风电机组风速、风轮转速和输出功率二维关联关系进行深入分析，将风轮转速作为异常数据识别辅助因子，运用基于蒙特卡洛法的三维空间下经验Copula模型构造方法，在三维Copula空间中进行风电机组异常数据初筛剔除，可显著改善数据质量，提高处理后数据集合有效数据占比；最后，基于以上数据初筛剔除后的数据集，利用混合Copula理论知识、核密度估计法以及条件概率知识和贝叶斯理论，进行风电机组置信等效功率边界曲线的确立。

2. 风电机组缺失数据重构技术

针对风电机组数据中存在的缺失数据，可采用Markov插值法、分段三次Hermite插值法及牛顿插值法等数据重构方法对多种数据缺失类型进行混合插值重构，从而有效提高数据的完整性。针对不同缺失数据类型有三种策略：①基于历史数据建立插值多项式模型，实施缺失数据的填补重构；②建立数据序列连续样本点之间的相关关系模型，根据数据点之间的迟滞性、连续性及转移性进行缺失点的恢复；③以相似性理论为基础，结合多台风电机组数据序列，分析缺失数据邻近已知数据点最大相似数据序列，用其同期数据段代替缺失数据。综上所述，通过对缺失数据类型、缺失量的分析统计及各个插值方法特点，确定出混合数据重构策略，分类对功率缺失数据进行精准地插值重构。

Markov 链模型是一种凭实验观测系统离散状态之间转移概率来表示的随机过程，其重要组成部分是状态转移矩阵和初始状态概率分布，是现代概率论与数理统计中随机过程分支理论的一个重要组成部分。风电机组输出功率随着时间推移，其变化特性受多种不定性因素影响，是一种典型的具有时间特性和空间特性的物理过程，其状态值在一定区间范围内连续变化，显然风功率序列可以抽象为一种随机过程，且满足马尔科夫特性，能够利用马尔科夫状态转移过程实现风功率时间序列中少量缺失点的填补重构。

Hermite 插值在给定的节点处，不但要求插值多项式的函数值与原函数值相同，同时还要求在节点处，插值多项式的一阶直至指定阶的导数值也与被插函数的相应阶导数值相等。这种插值方法适用于连续缺失数据量较多，数据点彼此之间状态转移特质基本消失或不稳定的数据。

牛顿插值法是根据未知函数上仅有的一些已知点，利用已知点函数值及其差商信息构造一个简单代数多项式函数来逼近原函数，其具有递推性和组成规律性的特质，计算方便且能够应用较少已知数据达到较高精度。该方法的特点是能保证插值多项式与被近似函数之间在已知点上具有相同函数值甚至到高阶导数值，避免曲线拟合方法中存在的改变原始函数值变化趋势的问题，适用于研究已知函数或数据序列的变化趋势满足一定规律但非对称的未知变量的确定。

风功率序列数据缺失情况复杂、缺失类型繁多，而且其数据序列本身存在波动性大、随机性强等特点，选取单一数据插值方法难以达到数据重构精度。数据缺失类型如图 2-8 所示，主要有以下类型：①间断少量数据点缺失；②连续少量数据点缺失；③连续中等量数据点缺失；④连续较大量数据点缺失。

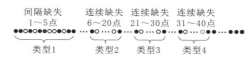

图 2-8　数据缺失类型图

针对类型 1，缺失数据点附近已知信息较多但相邻信息之间呈现出间断性，显然无法准确构造 Hermite 插值多项式，另外已知信息不能满足 Markov 状态连续转移特性，但其数据缺失段特点符合牛顿插值法实施原则。因此此种类型缺失数据采用牛顿插值法进行数据重构；针对类型 2，缺失数据段已知信息与缺失点之间距离较远，但满足短时间内数据序列的状态变化持续性和一定稳定性，因此采用双向 Markov 链重构法缺失数据；针对类型 3，连续缺失数据量较多，数据点彼此之间状态转移特质基本消失或不稳定，可采用分段两点三次 Hermite 插值法进行数据填补，重构数据精度较高；针对类型 4，连续缺失数据点多，缺失点两段可利用的已知信息时间跨度较大，以上重构方法本身插值模型构造稳定性和可靠性无法保证，此时考虑风电机组空间相关特性，实施临近风电机组同期数据重构法完成缺失数据的补充。数据缺失重构流程图如图 2-9 所示。

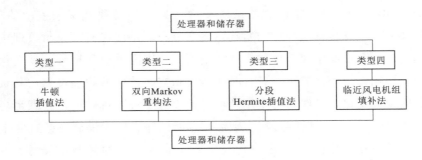

图 2-9　数据缺失重构流程图

2.4　本章小结

本章对风电场物联网构建技术中的智能信息感知、网络通信、数据采集和预处理进行了介绍。

风电场的智能信息感知以感知环境风参数为例，介绍了实测感知和预测感知技术。其中实测感知技术介绍了基于机舱风速风向仪的风参数实测感知方法和基于机舱激光雷达的风参数感知方法；预测感知技术介绍了统计学方法和智能算法两条技术路线并给出了修正方法。最后结合实测感知和预测感知，构建了基于物联网的风参数智能感知框架。

风电场中的网络通信分为短距离网络通信技术和长距离网络通信技术，其中短距离网络通信技术介绍了几种物联网建设中常用的短距离通信技术，分析比较得出采用 ZigBee 技术的最佳方案，并引出基于 ZigBee 技术的传感器网络的概念。在长距离网络通信技术中不仅介绍了在风电场中实际应用的 LPWAN 技术的代表，即 NB-IoT 和 LoRa，还介绍了 WiMAX 组网技术，并以 WiMAX 为实例介绍了远距离网络通信技术在风电场中的实际应用。

风电场的数据采集介绍了风电场的四种数据采集情况：风电机组的数据采集、升压站的数据采集、功率预测和控制系统数据采集和电量数据采集。风电场的数据预处理介绍了几种风电机组异常越限数据识别技术，同时针对风电机组缺失数据的不同类型分别提出了相应的缺失数据重构技术。

## 第 3 章

风电场信息管理系统

为了响应国家大力发展清洁能源的号召，风力发电及其他清洁能源的建设近年来得到较快的发展，目前国内风电场的建设已从单一、小规模的风电场，向多个、大规模风电场群的建设转变，但大规模风电场群综合自动化系统的建设在国内尚属起步阶段。

风电场信息管理系统提供了一个综合性的软件管理平台，将风电场管理中的各个部门集成在一个系统里进行协同办公，解决了各部门以及风电场与管理单位之间的信息共享问题，使信息得到最大化利用的同时，实现了管理者快速全面地了解各部门工作情况，提高企业管理水平的目的。

风电场信息管理系统主要由十大子系统构成，分别为风电场调度自动化系统、风电场运维管理系统、风电场资源管理系统、风电场物资管理系统、风电场设备管理系统、风电场生产管理系统、风电场安全监察系统、数据预警系统、故障专家库系统和风电场综合管理系统。不同系统之间利用计算机的存储能力和网络传输技术，为集中监测、故障分析、技术支持、经营决策等提供及时、准确的数据基础。通过利用计算机的高速处理能力和不易出错的特点，大大减少了以前手工方式中工作的复杂性，提高了工作效率的同时，也降低了企业经营成本。

3.1 风电场调度自动化系统

目前，在风电场调度自动化中应用较为广泛的系统主要包括自动电压控制系统（AVC）、有功功率控制系统、风功率预测系统，组成结构如图 3－1 所示。

3.1.1 自动电压控制系统

风电场自动电压控制系统（AVC）是一个在现有风电机组 SCADA 与变电站 SCADA 基础上，利用变速恒频风电机组自身无功调节能力，实现自动闭环、协调控制风电场所有的无功/电压调节设备（包括有载调压变压器、集中无功补偿装置和变

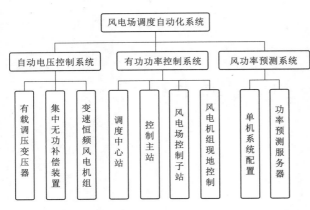

图 3-1 风电场调度自动化系统组成结构图

速恒频风电机组等），从而满足风电场并网综合需求的监控管理体系。其目的是利用最小的调节成本，在保证电压安全的前提下，使风电场 PCC 的无功电压水平处于预期的 $U-Q$ 区域。

综合考虑风电场的各种无功电压控制手段，可以将风电场自动电压控制系统（AVC）划分为3层结构。顶层是风电场内部、风电场与电网协调决策模块，中间层是风电机组群决策模块，底层是风力发电机现地控制模块。

《风电场接入电力系统技术规定》（GB/T 19963—2011）要求：风电场应配置无功电压控制系统，具备无功功率及电压控制能力；根据电网调度部门指令，风电场自动调节其发出（或吸收）的无功功率，实现对并网点电压的控制；其调节速度和控制精度应能满足电网电压调节的要求。

3.1.2　有功功率控制系统

风电场有功功率控制主要涉及风电场有功功率变化限值、紧急控制。在风电场的实际控制环节中，有功功率控制系统采用类似传统 AGC 的遥调方式，根据风电机组自身的有功功率控制特点优化分摊，自动控制风电场每台机组的出力，在确保电网安全稳定运行的前提下最大限度地提高风电场的有功输出，力争达到风电场机群出力整体最优化的目标；此外，还可以通过遥控方式投切馈线开关，实现风电机组的启停控制，适用于紧急情况。

3.1.3　风功率预测系统

风力发电具有间歇性、随机性和不可控的特点。为了保障电网的安全稳定运行，电网需要预留风电机组最大出力的备用容量来平衡风电的波动。风功率预测系统能够采集风电机组、测风塔、风电场功率、数值天气预报、风电场风电功率预制结果等数据。系统可根据风电场所处地理位置的气候特征和风电场历史数据情况，采用物理方法和统计方法相结合的方法构建特定的预测模型进行风电场的功率预测。目前应用的风电场功率预测系统采用单机系统配置，功率预测服务器完成数据采集、数据处理、统计分析。

大型风电有功智能控制系统包含调度中心站、控制主站、风电场控制子站及风电机组现地控制等部分。其中，调度中心站根据风电场功率预测系统上传的短期风功率预测数据、联络线计划、短期负荷预测数据，计及安全约束、节能、环保等因素，考虑风功率预测系统的误差，实现预测的风功率、电量参加发供电平衡。

控制主站将调度中心站生成的各个受控风电场的允许最大有功功率发电曲线下发到相应的风电场执行，在抵消风电功率、负荷预测的误差和电网运行方式变化所带来的不利影响的前提下尽可能多地接纳风电。风电场有功功率控制子站作为风电有功控制执行站，能够实时监测风电场各风电机组的出力，并根据控制主站下发的风电场计划曲线和实时指令，按各台风电机组不同的运行状态自动分配每台机组出力，实现最优化控制，保证切机台数最少，并实现超发告警及超时超发切机功能。

3.2　风电场运维管理系统

系统通过将生产运维实时数据信息、生产经营过程产生的管理信息集成，为以经营管理、生产管理、设备管理、人员管理等为主要内容的生产和决策过程提供优化和规范的流程，从而提高管理水平和综合经济效益。

风电场运维管理系统覆盖风电场、区域公司、集团总部三个层级，具体目标如下：

（1）通过实时数据的采集，远程了解生产设备当前的最新状态信息，掌握风电机组的运行情况。

（2）对资产设备进行全生命周期的管理，包括设备管理、维修管理、运行管理、安全管理等。

（3）实现管辖内风电场间备件信息共享，实现统一的网上信息查询，在分散保管的前提下提高备件的统一采购、统一调配、统一核算效率，使各风电场备品备件的需求及时得到满足。

（4）整合风电场级信息系统的数据源，集中在数据中心进行统一管理，充分实现数据共享，保障数据的准确性、及时性、有效性和安全性。

3.2.1　系统功能

风电场运维管理系统主要功能如图3-2所示。

1. 设备资产管理

（1）建立了详尽实用的动态设备台账库，对投运设备按照设备的组装结构、类型、部件厂家、设备状态等多种方式进行查询展现。从编码、运行、检修、报废、

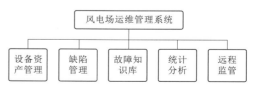

图3-2　风电场运维管理系统主要功能

变更实现对设备的全生命周期管理。

（2）建立了风电机组单元的位置结构树，每台风电机组的台账与该位置结构树进行关联；此外，通过与缺陷管理流程的关联，实现了历史故障、工作票、设备变更记录的一键式查看功能。

2. 缺陷管理

当风电机组出现故障时，系统自动捕捉故障，并根据故障码生成故障单，如果运行人员通过远程复位使风电机组恢复运行，则故障单自动关闭。

检修人员收到通知后，将按照系统中固化的标准流程进行处理，处理完成后，在规定的时间内将现场的处理记录回填至系统，经审核后终结工作流程。

库管人员将严格审查工作过程中消耗的备品备件、旧件回收等，任何一个环节不符合要求，则整个流程将无法终结。

3. 故障知识库

风电场运维管理系统收集、集成风电机组的运行故障数据、故障处理应对方案，在检修人员查看故障通知记录时，系统自动将案例库中最匹配的案例提供给检修人员参考，为本次检修提供信息支撑。

此外，系统内部维护着一套风电机组故障码与风电机组具体部位关联的表，用以在出现故障时，提示风电机组部位参考。

4. 统计分析

风电场运维管理系统实现了多维度的综合查询与分析，主要包括故障分析、电量分析、机组状态分析、备品备件统计分析、生产数据对比分析等。

5. 远程监控

风电场运维管理系统实现了风电场生产设备的远程实时监管，生产设备远程实时监管有效地解决了机组设备运行状态的实时监管、设备资产的全生命周期追忆、区域化检修的管理模式、生产经营数据的有效报送、机组故障专家知识库的沉淀、生产指标的综合对比与分析等问题。

3.2.2 系统特色

风电场运维管理系统主要有以下创新点：

（1）系统自动捕捉风电机组设备故障，触发故障处理工单。

（2）实现故障处理工单、备件消耗、设备台账、人员考核有机结合，实现全方位的生产管理及绩效考核体系。

（3）实现了充分的系统整合，在统一的软件平台上实现对风电场所有设备的监视、报警（短信功能）数据分析、报表制作等，避免数据在不同系统的重复录入。

（4）形成了风电机组故障案例库，并在故障发生时给出历史处理方式及参考建议。

（5）实现了报表系统间自动报送，无须人为干预。

3.3　风电场资源管理系统

风电场资源信息管理主要包括五大功能模块，如图3-3所示。

（1）录入模块，实现对临时库的插入、修改等操作，系统随时做动态库调整，既能保证数据的安全性和一致性，也能简化用户的输入操作，使人机接口更友好。

（2）检索模块，提供快速方便的检索功能。

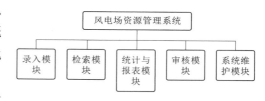

图3-3　风电场资源管理系统功能

（3）统计与报表模块，包括图档利用率、工程量统计、图档信息统计等功能，为企业管理者及时、准确、全面地掌握内部生产环节提供决策依据。

（4）审核模块，通过设立临时库和总库这两个数据库来保持图档的安全性，临时库入总库需要审核，提出总库需要批准，修改图、文本需要权限。

（5）系统维护模块，通过控制用户和定时的备份恢复来控制用户和资源的安全性。

3.4　风电场物资管理系统

物资管理强调以物资为中心，管理物资的入库、出库、借出、盘点、多级组织物资调配及实时库存分析等，支持跨组织、跨地区的应用，实现多级组织结构的物资管理。风电场物资管理系统中应创建维护基础数据，如维护物料、供应商/制造商，创建仓库、分配权限，确保上级组织和下级风电场以及风电场之间的基础数据规范。下级组织风电场可以在系统中进行相应的业务操作，如出库、入库、借出、归还、盘点等操作，当录入错误单据时可以进行反稽核，对录入错误的单据进行修正，根据权限设置可以实现各个风电场之间的物资数据相互独立。

上级组织可以对所选择的风电场查看实时库存，根据实时库存的情况对物资进行合理调配，可以把某风电场库存较为充足的某种物资调配到紧缺的风电场，可以通过报表统计及时准确地了解风电场各物料出、入、借等明细流动情况，还可以选定指定的某些风电场、指定时段的物资入库、出库、借出等情况，进行每年某个时段的物资使用情况的比较，得到每一种物资安全库存上限、下限的经验值，系统根据经验值提供库存量报警，对低于库存下限的物资进行报警。系统中还提供了安全库存模型，用

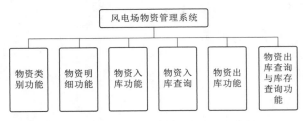

图 3-4 风电场物资管理系统主要功能

户可以设置参数，得到安全库存上、下限的理论值，把库存的经验值和理论值进行比较，修正参数，用库存的理论值指导实践。

风电场物资管理系统主要功能如图 3-4 所示。

1. 物资类别功能

物资类别是对库存物品的类别进行分类，便于管理人员与工作人员对入库设备的信息进行录入。

2. 物资明细功能

此功能是对物资的数量、规格、品名等基础信息确定模板，方便管理人员的出入口操作，使设备的信息更加明细化。

3. 物资入库功能

管理设备的用户可以通过此模块将物资的入库日期、类别、品名信息、库房信息、数量、经办人、供货单位信息录入系统，物资管理人员可对录入的信息进行修改和删除。

4. 物资入库查询

该功能实现多条件查询入库信息，查询条件可分为按分类、按存储仓库、按入库日期、按品名、按规格、按经办人 6 种方式，同时可实现按月、年的类型进行查询。

5. 物资出库功能

出库功能对应于系统的入库功能，其出库的信息与入库的信息相同，唯一不同的就是数量的改变，其中出库信息还体现领物人、领用部门等信息。

6. 物资出库查询与库存查询功能

该功能可实现多条件查询物资出库的情况，查询条件与物资入库相同。经过出入库操作后，库存查询可以材料的类别、品名、规格信息进行分类查询。

3.5 风电场设备管理系统

设备管理是风电场层面的功能，是风电场资产维护的核心内容。风电场为资产密集型企业，其设备管理指通过对设备台账、采购、维修/检修、备品备件调配、成本分析等的信息化管理达到如下目标：

（1）促进生产、经营、管理科学化。

（2）减少设备的故障率，提高设备可靠性与完好率指标，从而降低维修成本，减少故障引起的财产损失和人员伤亡，减少故障停机引起的经济损失。

（3）缩短维修响应和维修工作时间，从而减少停机引起的经济损失，提高人员工作效率并降低维修成本。

（4）延长设备寿命，从而减少设备的折旧率，降低企业运营成本。

设备管理系统结构图如图 3 - 5 所示。

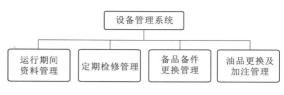

图 3 - 5 设备管理系统结构图

3.6　风电场生产管理系统

风电场生产管理系统以将标准化、规范化、信息化的理念融入日常的生产运行为宗旨。目标是结合风电生产管理特点，紧跟生产管理思路，以设备管理为中心，集成生产运行、检修维护、票卡管理、物资备品、统计报表等功能于一体，形成一个综合性、多功能的统一平台。

3.6.1　作用

（1）有效提高风电场管理水平，直接减少各项纸质、电子记录数量，降低填写量及工作强度，便于数据统计汇总分析，自动化生成报表，大量节省人工统计报表时间，提高运行管理及报表统计的质量及效率。

（2）通过积累生产数据和设备故障类型、维修方法、更换部件等记录；有效指导组织生产活动安排，有针对性地提前开展设备计划检修维护，提前发现设备潜在缺陷并按照设备缺陷的性质开展普查或针对性检查；不断完善适用于本企业的特有的维修技术、经验和知识，为设备维修提供知识保障，为后续的人员培训与学习提供平台并指导物资备品的采购；做到随时掌握设备健康水平，不断提高工作效率及质量和备品备件利用效率。

3.6.2　开发意义

风电场作为风力发电的运行维护生产单元，其管理水平直接影响着风力发电的安全、生产和经济效益。随着风电场的建设和运营，切实做好安全生产，降本增效、节能降耗，不断提高风电场的综合经济效益逐渐成为企业经营管理的中心，标准化、规范化、精益化管理已是风电场生产管理发展的必然趋向。

开发风电场生产管理系统意义如下：

（1）规范现场生产管理，实现办公无纸化。通过计算机的高速处理能力以及不易出错的特点，将企业的管理模式由以往的手工记录变成无纸化管理，减少因手工方式给工作中带来的问题，同时解决历史记录存储量大，数据不易查询、统计、分析等方面的问题。

（2）实现信息共享，积累场群建设经验。支持各风电场与上级单位之间的信息共享，快速查看各部门的工作情况，实现跨区域、全寿命的风电场管理，将集群式发展经验应用于集团公司的未来自动化建设中。

（3）改进培训方式，培养企业人才。培养风电场运行维护技术主干，提升运行检修班组的基础管理能力。

（4）优化生产作业流程，实现作业工作流闭环控制。增强运营与作业管理方面的研究与创新，优化作业流程，提高企业效益，对企业安全运行、健康发展等方面具有重要意义。

（5）加强数据分析，提高管理决策。对工作中产生的各种信息进行数据分析，根据分析结果，科学合理地分析风电场各时间段的故障规律以及备品配件的消耗规律，研究出符合生产现实情况需求的生产管理方式以及备件管理方法，为管理者的决策提供辅助支撑。在保证生产实际需求的前提下，减少人为原因的机组停机，减少库存，避免积压，降低运行成本，从而提高风电场的经济效益。

3.7　风电场安全监察系统

风电场安全监察系统包括多个基本应用程序和多项工作流程，该模块还包括多种查询统计功能。

应用程序主要包括安全工器具维护管理、安全规章措施制订、工作流程管理、安全检查管理、安全管理机构、应急预案管理和事故管理。

工作流程主要包括安全规章措施流程、安全检查流程、演习记录流程、应急预案记录流程、消缺流程、隐患报告及处理流程、事故报告及处理流程等。

1. 安全工器具维护

根据需求，安全工器具维护应实现以下功能：

（1）安全工器具基础信息管理。

（2）安全工器具检查记录管理。

（3）安全工器具进出登记管理。

（4）安全工器具制造厂商信息管理。

安全工器具管理可记录人员领用过程，并通过逻辑位置跟踪安全工器具的使用历史。

安全工器具管理功能实现记录、查询、修改、删除以下信息：工具编号、描述、所属部门、工具数量、供应商、是否外部、是否有效等。

工器具检查是安全工器具的子表，主要实现记录、查询、修改、删除以下信息：检验项目、检验日期、检验人、序号、使用期限、检验情况、检验结论、备注等。

2. 安全规章措施制订

安全规章措施管理功能实现记录、查询、修改、删除以下信息：编号、序号、规章名、录入时间、录入人、审核人、下达执行时间、制订目标、制订单位、规章内容、附件说明、状态、状态日期、备注等。

3. 工作流程管理

新增安全规章措施开始编制后，经过审核再下达执行。执行过程中可能需要对安全规章措施进行修改。当不需要某条安全规章措施时可以废止安全规章措施，废止后流程结束。具体流程如图 3-6 所示。

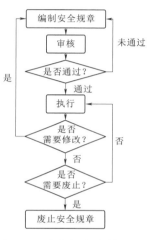

图 3-6　安全规章编制流程图

4. 安全检查管理

实现安全检查管理时，应能够记录、查询、修改、删除包括编号、检查年度、问题、责任部门、责任人、完成时间、检查人、完成情况、地点、组织机构等信息。

5. 安全管理机构

安全管理机构功能实现安全管理机构成员的录入、查询、修改、汇总。安全管理机构功能需要关联系统人员信息，从而据此查出人员的联系方式等，同时要求安全管理机构人员信息必须事先录入到系统中的人员管理模块中。

6. 应急预案管理

应急预案管理功能实现记录、查询、修改包括应急预案名、总则、适用范围、引用标准、组织机构、紧急电话（必须用手机拨打）、报修电话、事故处理原则、事故处理的一般步骤、预案处理范围等信息。

7. 事故管理

事故分为设备事故和人身伤亡事故，系统中照此将事故管理分为设备事故管理和人身伤亡事故管理两个功能。

（1）设备事故管理应实现记录、查询、修改包括障碍性质、障碍开始时间、暴露问题、天气温度、组织机构、技术分类、对策期限、设备停运时间、地点、直接经济损失、设备分类、设备事故障碍类别、安全记录、障碍分类、设备分类、错误类型、责任人姓名职务、障碍结束时间、障碍编号、报告号、气象及自然灾害、事故经过、障碍问题、障碍责任单位、有无派生等信息。

（2）人身伤亡事故管理应实现记录、查询、修改包括事故归属、有无职业禁忌症、有无附件、触电电压、报告号、暴露问题、组织机构、用工类别、安全记录、事故性质、紧急救护、致害物、所属部门、经济类型、填报日期、经济损失、气象及自然灾害、性别、工种、隶属关系、危险作业分类、填报人、年龄、工龄、起因物、事故发生时间、受伤部位、所属班组、气温、折算损失工日、事故问题、事故经过、姓名、本工种工龄、事故类别、伤害程度、状态行为原因分类序号、事故编号、触电类别、地点等信息。

3.8　数据预警系统

数据预警系统的设计原理基于大部分停机故障在发生前会有一定的先兆，通过定义数据筛选的规则可以将这些先兆捕获出来，避免不必要的停机故障，从而为客户创造更大的价值。该系统旨在提供一套灵活的筛选分析器，迅速有效地对实时数据进行分析，将故障维护变被动为主动。数据预警系统框架如图 3-7 所示，风电机组超速预警编制流程图如图 3-8 所示。

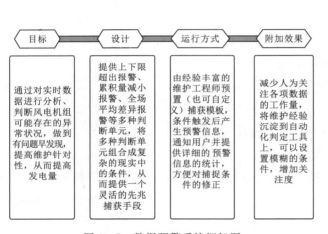

图 3-7　数据预警系统框架图

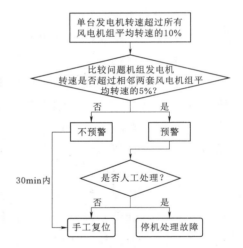

图 3-8　风电机组超速预警编制流程图

3.9　风电场故障专家库系统

风电场故障专家库系统是风电机组设备故障的解决方案信息中心，可以辅助现场实施人员学习和解决实际的设备故障。

当出现报警时，风电场故障专家库系统提供链接到专家库，并能自动根据报警 ID 检索出相应的解决办法，给检修提供一个方向性的指导。

风电场故障专家库系统的主要功能有：建立发电设备、协议和设备信息；建立故障现象字典信息；建立故障解决方案信息；建立故障树信息；智能、高效检索故障树信息；采集现场故障维护信息。功能模块如图 3-9 所示。

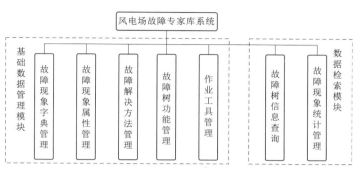

图 3-9 风电场故障专家库系统功能模块图

3. 10 风电场综合管理系统

为了加强对各个风电场的管理，使集团级能够直观、动态、综合地掌握下属各风电场生产一线的情况，杜绝风电机组运行和生产经营数据的错报、迟报、漏报，同时便于进行数据统计、分析，并提供技术支持，需要开发一套风电场综合管理系统，其中包含风电场生产数据采集、监测、储存、分析、展现系统，以便集团级能及时获取风电场生产及风电机组运行状态的信息，为集中监测、故障分析、技术支持、经营决策等提供及时、准确的数据基础。

风电场综合管理系统功能主要有生产数据实时采集、地理背景监视图、数据存储和查询、控制功能、决策与分析、报警与事件管理、风玫瑰图组件、风电设备管理以及用户权限管理等，具体功能结构如图 3-10 所示。

1. 生产数据实时采集

每个风电场的数据采集部分可以分为风电机组、电控、变电站、测风塔等部分。远程控制系统的主机通过通信系网关将各类风电机组的运行状态、运行数据、报警代码等内容采集并汇总到远程控制系统中，通过远程控制系统的软件处理，将风电机组运行状态、运行数据、报警代码等内容在同一个画面中显示。

2. 地理背景监视图

地理背景监视图可以直观地显示风电公司下属的所有风电场、各

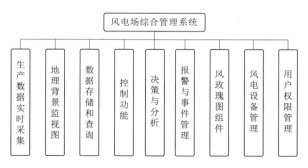

图 3-10 风电场综合管理系统功能

风电场设备设施（如风电机组、测风塔、变电站等）的地理分布示意图。

3．数据存储和查询

风电场综合管理系统的历史数据库，同时采用独特的压缩技术和二次过滤技术，使进入到数据库的数据经过了最有效的压缩，极大地节省硬盘空间。

4．控制功能

风电场综合管理系统可以远程监控现场，如值班人员在现场控制风电机组的状态。远程控制系统根据预设的参数，将不同编号风电机组的控制指令送到不同风电场中控室不同的主机上，再通过不同风电机组控制系统的主机将控制信号送到所控制的风电机组中。

5．决策与分析

风电场综合管理系统可以搭建数据总结分析和辅助决策工具平台，进行历史趋势分析，如年月、日各气象趋势和发电量曲线，设备质量和运行寿命的统计，从而为与生产指标相关的各项计划、采购、检修等活动提供和费用控制提供统计依据。

6．报警与事件管理

风电场综合管理系统支持传统的声光报警、语音文件报警，支持操作人员报警确认管理机制；报警具有容易引起警觉的声响输出，具有语音提示功能。

7．风玫瑰图组件

根据用户输入的开始时间和结束时间统计这一时间段内的风向、风速发生频率，并根据一定比例绘制在刻度盘上，玫瑰图上风的来向指由外面吹向地区中心的方向。

8．风电设备管理

风电场综合管理系统可以统计设备管理信息，量化机组当前运行工况下的寿命损耗率，评估运行工况变化对设备寿命的影响。系统通过数据分析控制机组运行在最优工况，降低了机组寿命损耗，减少了设备更换费用，维持了机组可靠性和发电产出。

9．用户权限管理

风电场综合管理系统提供了完备的安全保护机制，以保证生产过程的安全可靠。受控用户的管理具备多个级别，并可根据级别限制对重要工艺参数的修改，以有效避免生产过程中的误操作。

3.11　本章小结

本章对风电场信息管理系统的需求进行了多角度的分析，从系统的总体构架、总体功能和模块设计方面介绍了系统的总体设计方案，对风电场信息管理系统的多个子系统的功能实现、特色等方面进行了详细的阐述，风电场信息管理系统的大规模应用将建立一个功能完善、技术先进、性能良好的可靠、安全、稳定的综合自动化系统，为管理者的决策提供辅助支持并提高企业的综合管理水平。

## 第4章

风电场云计算数据中心

4.1 概述

近几年随着 IT 技术的发展，尤其是虚拟化和云计算技术的日渐成熟与广泛应用，传统的风电场数据中心已远远不能满足新的业务发展需求，其存在资源利用率低下、电能消耗过高、物理空间不能满足业务扩展需求，服务质量低下等问题，无法适应当今绿色 IT、节能减排、低碳、智能先进管理、降低运维成本和投资成本等新型数据中心的要求。另外，风电场运行过程中产生了大量的历史数据，这些数据具有明显的大数据特征，需要进行存储、处理与分析。大数据存储需要满足海量存储、安全存储和快速读取的要求。其中，海量存储包含数据容量和数据文件量两个方面，为保障系统存储容量能够以较低成本存储海量数据并能实现快速平滑扩展，分布式存储和存储虚拟化技术被广泛采用，云计算推动大数据技术得以实现并快速发展。通过自动化的管理方式、虚拟化的资源整合方式，结合新的能源管理技术，可以解决数据中心日益突出的管理复杂、能耗严重、成本增加及信息安全等方面的挑战，实现高效、节能、环保、易管理的数据中心。

虚拟化及云计算技术应用于数据中心并不是传统数据中心的复制，而是一种全新的 IT 服务提供模式，通过提供简单的用户接口实现自动化部署 IT 资源，能够提供足够的按需可扩展的计算容量和能力，通过虚拟化技术实现全新的应用服务。

云计算数据中心是一种基于云计算架构的新型数据中心，是一系列新技术集中应用和面向业务服务运营管理的集中体现。云计算数据中心采用虚拟化、自动化、并行计算、安全策略以及能源管理等新技术，解决目前数据中心存在的成本增加过快和能源消耗过度等问题，通过标准化、模块化、动态弹性部署和自助服务的架构方式实现对业务服务的敏捷响应和服务的按需获取。

4.2 风电场云计算数据中心总体架构

风电场云计算数据中心总体架构分为基础设施层（Infrastructure as a Service，

IaaS)、平台层（Platform as a Service，PaaS）和应用层（Software as a Service，SaaS），如图 4－1 所示。

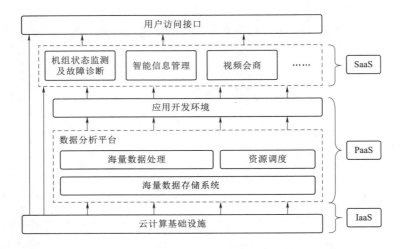

图 4－1　风电场云计算数据中心总体架构

　　基础设施层（IaaS）包括各种服务器、数据库和路由器。

　　平台层（PaaS）是指核心管理平台，最底层的是 KVM 虚拟化平台。再上层是管理服务，包括服务描述、服务注册、服务检索、服务组合、任务调度、负载均衡、数据共享、数据交换、管理中间件等，还包括风电场平台元语集，是基于语义的风电领域虚拟化标准体系，支持风电场业务与信息资源的虚拟化映射。

　　应用层（SaaS）是各种应用服务，具体包括产能分析、综合信息、机组状态监测、机组故障预警、视频会商、智能信息管理、用户管理等。

4.3　风电场云计算数据中心基础设施

4.3.1　基础设施需求

1．硬件需求

需要配置的硬件如下：

（1）主机：刀片服务器、机架式服务器等。

（2）存储设备：SAN 存储、NAS 存储、IP 存储、虚拟带库、易购存储控制系统、SAN 交换机等。

（3）网络设备：路由器、交换机、负载均衡、VPN 网关等。

（4）安全设备：防火墙、入侵防御、防毒墙、运维安全审计系统、数据库安全审计系统、漏洞扫描系统。

2. 软件需求

除了需要配置一定数量的服务器、存储设备、网络设备和安全防护设备外，还需要配备如下系统软件：

（1）每台物理服务器和虚拟服务器的操作系统：Windows、Linux 等服务器操作系统。

（2）虚拟化软件：实现服务器和存储资源的虚拟化，建立弹性、智能、可回收的资源池；对于新购置的设备，需要进行虚拟化套件的安装调试。

（3）中间件：JAVA 及.NET 架构的应用服务器等。

（4）大型数据库系统：Hbase、Oracle、SQL Server、MySQL 等。

（5）计算管理平台：包括网络管理、资源管理、用户管理、统计报表、账单、监控、告警等管理功能。

3. 安全需求

虚拟机的应用将导致物理网卡上的流量成几何倍数增加，为了应对云计算环境下的流量变化，安全防护体系应选择更高的性能与配置。同时，考虑到云计算环境的业务永续性，设备的部署必须要考虑高可靠性的支持，不仅要考虑设备的可靠性，如采用高性能、高可靠、高成熟的产品，还应该考虑设计的可靠性，如双机热备、设备虚拟化、配置同步、板件冗余和预留、跨设备链路捆绑、硬件 ByPass 等技术的应用。

配置防火墙、入侵防御、漏洞扫描、网页防篡改、全接入网关和身份认证系统，并从安全区域划分、接入层安全、服务器区的安全和安全管理等多方面加强云计算平台的防护。特别是接入层，采用 VPN 网关，注册用户从云计算管理中心获得 VPN Client，通过 VPN Client 就可以连接到自己需要的云。服务器安全方面，所有物理服务器全部配置相应的安全策略，禁止不用的端口的访问，同时在虚拟机模板系统中只打开最小可用端口（如 SSH、http、https 等），以保证初始系统的安全性。建立应用节点准入规范，保证应用节点自身的安全防护，避免云内发生交叉感染。安全管理方面则以管理制度为主、技术管控为辅，双管齐下。

4. 机房需求

鉴于信息中心机房 UPS、精密空调承载有限，应做相应扩容建设。

4.3.2 基础设施层部署

在硬件上实现散热、电源、管理功能等非 IT 资源的集中化和模块化，并利用软件虚拟化技术实现计算、存储等 IT 资源的池化和集中管理；将非计算部分的存储、网络等 IO 设备进行池化，机柜内采用高速网络互联，并以软件定义的计算、软件定义的存储和软件定义的网络来满足业务需求，并实现完全的软件定义。将 CPU、内存等所有的 IT 资源完全池化，从硬件上可实现任意组合，根据应用需求智能地分配和组合相关资源，实现完全意义上业务驱动的软件定义数据中心，在软件上实现业务驱动和应用感知。

风电场云计算数据中心资源池总体部署架构如图 4-2 所示。

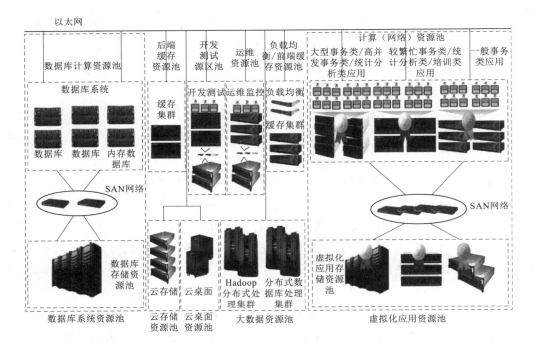

图 4-2　风电场云计算数据中心资源池总体部署架构

4.3.3　数据共享方式

虚拟化的数据共享交换平台提供同构数据、异构数据之间的数据抽取、格式转换、内容过滤、内容转换、同步异步传输、动态部署和可视化管理等功能，针对 Oracle、SQL Server、MySQL 等数据库、地理空间数据以及常规文档进行解析，各系统将平台要求的信息进行汇聚整合，提供统一查询功能。

数据交换平台通过中间件，将数据从各业务系统中抽取出来，在数据平台进行数据整合，屏蔽数据格式、传输通道、数据路由等，数据交换平台为公用相同的数据提供通道。

资源数据库框架图如图 4-3 所示。

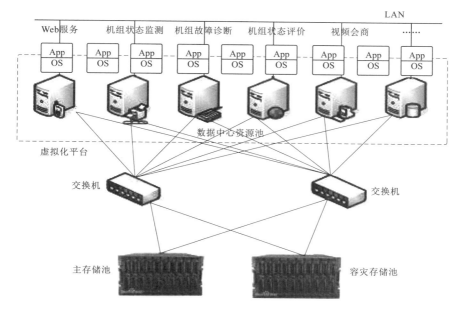

图 4-3　资源数据库框架图

4.4　风电场云计算数据中心应用层

4.4.1　风电场云应用

应用层是各种应用服务，具体包括云平台管理服务簇、信息采集与维护服务簇、机组状态监测服务簇、机组故障诊断服务簇、视频会商服务簇、智能信息服务簇、用户管理服务簇等。

（1）云平台管理服务簇：一站式门户、个性化定制、云资源整合、资源池管理。

（2）信息采集与维护服务簇：传感器采集网、云存储、云备份、数据维护。

（3）机组状态监测服务簇：对机组的振动、摆度、压力脉动、定转子气隙、发电机（电机）磁场强度等物理量进行准确测量，同时获取计算机监控系统的相关监测数据信息。

（4）机组故障诊断服务簇：从大量的、不完全的、有噪声的、模糊的、随机的数据中，提取隐含在其中的、事先不知道的，但又是潜在有用的信息和知识，为机组故障诊断提供智能决策支持。

（5）视频会商服务簇：视频通话、视频会议、视频监控、GPS服务。

（6）智能信息服务簇：辅助指挥调度、信息分类处理、综合信息推送、移动信息服务。

（7）用户管理服务簇：身份认证、权限管理、信息管理、访问控制。

4.4.2　风电场云应用构建流程

为了说明如何开展风电场的云计算应用，本节从软件工程的角度提出构建风电场云应用的过程。整个过程可分为以下主要阶段：

（1）规划阶段。不同的云计算模式有着不同的应用目的和业务价值。在规划阶段，首先要以风电场的特定应用需求为牵引，明确用户期待解决的主要问题。在此基础上，进一步完成用户业务模型研究、组织架构分析和操作流程识别，以及一些非功能性需求。在规划阶段，用户能判定云计算的应用价值并做好云模式选型的准备。

（2）设计阶段。根据规划阶段的工作，设计并出台具体的办法和计划，以确保客户能够使用云计算达到期望的业务目标。这包括体系架构、业务架构、云服务的设计，以及非功能性属性保障等，并选择相应的技术和工具。此阶段，要紧密联系风电场的业务特点。

（3）开发阶段。利用规划阶段的详细设计报告，选用相应的开发、测试等工具，构建基于云计算的集成开发环境，包括开发、测试和升级完善 3 个环节。开发环节主要完成对信息和数据的处理，对业务流程的实现，对安全机制的实现，对表现层和访问机制的实现，对遗产系统集成的实现，以及对弹性、可靠性等非功能性特性的实现。对于复杂的云计算应用，测试和升级完善是必要的步骤，本质上与其他类型的软件开发没有特别的不同。

（4）部署实施阶段。部署实施阶段指将开发的云平台投入使用的过程，具体又可以分为配置云应用、管理系统、故障检修和系统精细化等内容。

4.5　风电场云计算数据中心的关键技术

风电场云计算数据中心的建设融合了很多新的技术，主要包括以下方面：

1. 虚拟化技术

虚拟化技术的应用领域涉及服务器、存储、网络、应用和桌面等多个方面，不同类型的虚拟化技术从不同角度解决不同的系统性能问题。

（1）服务器虚拟化。服务器虚拟化对服务器资源进行快速划分和动态部署，从而降低了系统的复杂度，消除了设备无序蔓延，并达到减少运营成本、提高资产利用率的目的。

（2）存储虚拟化。存储虚拟化将存储资源集中到一个大容量的资源池并进行统一管理，实现无需中断应用即可改变存储系统和数据迁移，提高了整个系统的动态适应能力。

（3）网络虚拟化。网络虚拟化通过将一个物理网络节点虚拟成多个节点以及将多台交换机整合成一台虚拟的交换机来增加连接数量并降低网络复杂度，实现网络的容量优化。

（4）应用虚拟化。应用虚拟化通过将资源动态分配到最需要的地方来帮助改进服务交付能力，并提高了应用的可用性和性能。

云计算数据中心基于上述虚拟化技术实现了跨越 IT 架构的全系统虚拟化，对所有资源进行统一管理、调配和监控，在无须扩展重要物理资源的前提下，简单而有效地将大量分散的、没有得到充分利用的物理资源整合成单一的大型虚拟资源，并使其能长时间高效运行，从而使能源效率和资源利用率达到最大化。

2. 弹性伸缩和动态调配

弹性伸缩可以从纵向和横向两个方面考虑。纵向伸缩性是指在同一个逻辑单元内增加资源来提高处理能力，如在现有服务器上增加 CPU 或在现有的 RAID/SAN 存储中增加硬盘等。横向伸缩性是指增加更多逻辑单元的资源，并整合成如同一个单元在工作。

动态调配是根据需求的变化，对计算资源自动地进行分配和管理，实现高度"弹性"的缩放和优化使用，而使用者不介入具体操作流程。

3. 高效、可靠的数据传输交换和事件处理

数据传输交换和事件处理系统是云计算数据中心的消息和数据传输交换枢纽，不能仅采用组播协议来追求速度，也不能仅采用 TCP 来追求可靠性，而需要结合多种协议的优势，有效控制分布在网络上的众多组件之间的数据流向，保证数据通道的畅通性、信息交换的可靠性和安全性。同时，为了满足系统应用的多样性和业务实时性要求，设计中也要考虑点对点、点对多点、多点对多点等多种连接方式。

4. 海量数据的存储、处理和访问

分布式海量数据存储系统包括分别用来处理结构化和非结构化数据的分布式数据库和分布式文件存储两个子系统，以及一系列兼容传统数据库和存储产品的适配工具，保证在不同环境下实现海量数据的存储、访问、同步以及实时迁移、复制、备份等功能。

5. 智能化管理监控和"即插即用"式的部署应用

智能管理监控系统结合事件驱动及协同合作机制，实现对大规模计算机集群进行自动化智能的管理，它不仅负责对所有服务器上运行的软件服务提供自动部署、自动升级、自动配置、可视化管理和实时状态监控，而且还会根据环境和需求的变化或异常情况的出现，对其进行动态调度和自动迁移。同时在系统层面上对整个分布式集群的每个组成部分，无论硬件还是软件，真正实现实时的、全自动化的"即插即用"式管理。

6. 并行计算框架

并行计算框架就是在整合大规模服务器集群的基础上，结合设计完整的网格计算框架，保证不同节点及单个节点不同进程间的协同工作能力，从而把分散的 IT 基础设施用结构化的方式整合在一起，实现高可靠、高性能的强大数据处理和计算分析能力。系统根据计算任务需求和相关的数据，自动安排和处理支撑分布式计算所需的复杂工作，解决诸如商业智能、经营分析、日志分析等各种需要强大计算能力的复杂 IT 问题。

7. 多租赁与按需计费

多租赁就是采用服务等级协议（service - level agreement，SLA），一种服务提供商和客户之间定义的正式承诺的设置手段，根据实际业务特点和需求，通过自定义策略对整个系统的性能和安全性进行优化配置，从而在不同的粒度上对系统所提供的资源进行处理，形成面向不同用户、不同使用目的、表现形态各异的特性服务。

按需计费是在资源统一调配的基础上，通过监控管理机制保持对用户资源使用情况的跟踪和记录并实时反馈，以此实现用户资源使用的计量和服务的付费，节省大量的建设费用和运维管理成本。

4.6　规划与建设

4.6.1　风电场云计算数据中心的实施过程

风电场云计算数据中心的实施不是一个简单的软硬件集成项目，在实施之前需要谨慎评估和整体规划，充分考虑云计算数据中心的管理模式，并将未来的运营模式纳入整体规划中，这样才可以充分发挥其作用。

结合对云计算数据中心用户需求的调研和国内外的实施经验，目前云计算数据中心基础架构实施主要分为以下阶段：

（1）规划阶段。要将云计算数据中心建设作为战略问题来对待，管理高层要给予极大的重视和支持，并明确每一阶段所要实现的目标，从业务创新和 IT 服务转型的高度进行规划和部署。

（2）准备阶段。根据本行业特性，充分了解用户采用云计算数据中心想要获得的服务与应用需求，并对云计算数据中心进行充分的评估，选择合适的技术架构。同时充分考虑系统扩展和迁移的可操作性，保证基础设施平台技术的连续性和核心业务的连续性。

（3）实施阶段。资源虚拟化是云计算数据中心的基础，构建支持异构平台的虚拟化平台，可以满足安全性、可靠性、扩展性和灵活性等各方面的服务要求。

（4）深化阶段。在实现计算数据中心架构虚拟化的基础上，还要实现各种资源调度和分配的自动化，为全面管理和自助服务打好基础。

（5）应用和管理阶段。云计算的基本特征是开放性，云计算数据中心应能提供标准的 API 实现与现有应用兼容。所有的应用移植是渐进过程，云计算基础架构要很好地支撑核心应用，而并不仅仅是新增的需求。同时，云计算数据中心建设是一个闭环的过程，需要进行不断改进。

4.6.2　风电场私有云数据中心建设

风电场私有云数据中心的建设是一个复杂而又庞大的系统工程，采用以虚拟化技术为基础的底层支撑，又可以实现灵活分步建设和实施。根据实际 IT 数据中心的现状，提出了分阶段建设思想，具体如下：

第一步，构建一个测试云数据中心建设平台，以 IaaS 云服务为该阶段的主要实施内容，建设一个以云计算方式为基础的数据中心基础平台，充分理解并测试云计算技术对 IT 信息系统带来的新的创新体验，验证传统的业务系统中新的云数据中心的运行状态，熟悉基本云计算服务技术的操作、运维、管理，并为下一阶段的建设积累更多的经验与需求。

第二步，构建平台云、桌面云和服务云，在第一步的基础上，实现真正以提供"服务"为目的的全功能云计算平台，包括 IaaS、DaaS 服务内容，设计开发一个单一的可以面向不同业务种类的云计算服务门户。结合业务系统，通过云计算的技术手段提供一个数据整合、信息交换、服务可靠、弹性的云计算数据中心。通过技术手段可以实现同一数据中心服务于所有用户，如单位内网系统和对外服务的公众服务系统。

新一代数据中心将是一个能够高效利用能源和空间的数据中心，并支持机构获得可持续发展的计算环境。高利用率、自动化、低功耗、自动化管理成为国内新一代数据中心建设的关注点。其发展趋势呈现以下特征：

1. 数据集中

无论是出于 IT 成本过高、复杂性过大，还是资源利用率过低等原因，目前几乎所有类型的单位都在尝试将 IT 资源进行整合和集中，这其中当然也包括了数据中心的整合。集中化的数据更便于备份、冗余和控制。

2. 计算与存储虚拟化

虚拟化技术能够改善 IT 资源的再利用和提高灵活性，以适应不断变化的需求和工作量；同自动化技术以及服务级的、基于政策的管理一起使用，资源的效率将得到极大的改善；灵活性将成为根据需要自动调整的功能，服务将能够从整体上进行管理以保证高水平的弹性功能。

3. 绿色低碳

绿色数据中心在机械、照明、用电和计算机系统等方面的设计要求是最大限度提升能源利用效率和最小限度造成对环境的污染和影响。建设和运行一个绿色数据中心需要采用先进的技术和优秀的策略。

4. 运维管理自动化

在不需要大幅增长预算和人力的情况下，管理好数据中心资源的快速增长，是数据中心管理者共同面临的严峻挑战。虚拟化可在一定程度上控制这种增长，但虚拟化还会增加管理和自动化工具上的要求。实现 IT 管理流程自动化是降低数据中心 IT 操作成本和复杂性的一个关键目标。自动化应用将呈现增长的势头。

5. 快速便捷部署

如何更加快速部署应用软件，为业务系统提供支持，提升行业的竞争实力，也是目前数据中心建设中非常关注的问题。构建信息系统本身不是目的，目的是为业务提供支撑。在如今的环境下，为每一个应用单独开发业务应用系统的模式显然已经不能够满足业务快速发展的需求，因此如何提高信息系统的自适应能力以及自动化的水平是迫在眉睫的问题。

6. 安全与可信

安全性并不单指防火墙、IPS/IDS、入侵检测以及防病毒等安全防范措施。实际上，火灾、飓风和其他灾害能在任何时候袭击数据中心。在数据中心建设的初始阶段就应该构建可靠的灾难恢复方案，或建立异地的灾难备份中心，这是当前数据中心建设中需要重视的一大热点问题。

云计算技术顺应了数据中心的发展趋势，利用云计算技术可实现内部的 IT 支撑系统整合。运用云计算技术，可以有效提高 IT 资源的利用率、降低 IT 资源消耗、减少管理和建设环节、提升运营效率，实现数据集中和统一管理，并提升管理能力。总之，应用云计算技术将大大降低在 IT 支撑系统建设和维护方面的开支。数据中心"云"化是其发展的必然趋势。

4.6.3 风电场数据中心向云计算数据中心迁移

风电场数据中心的迁移方式主要有物理搬迁和应用迁移两种。物理搬迁耗用资源少，适用于小规模搬迁。应用迁移业务风险小，适用于大规模重要生产的迁移。根据迁移的内容和层次不同，数据中心数据应用迁移的类型可分为应用级数据迁移、文件级数据迁移、系统级数据迁移、存储级数据迁移，如图 4-4 所示。

应用系统迁移首先将应用系统从物理服务器移植到虚拟机上，可直接在虚拟机上重新部署或者移植应用系统，也可将物理机利用迁移工具转换为虚拟机。

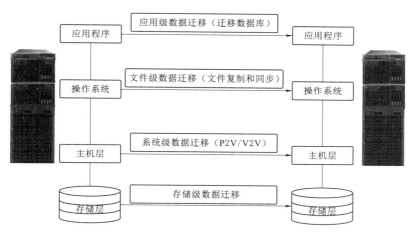

图 4-4　数据迁移

1. 迁移实施流程

应用系统迁移实施流程如图 4-5 所示。

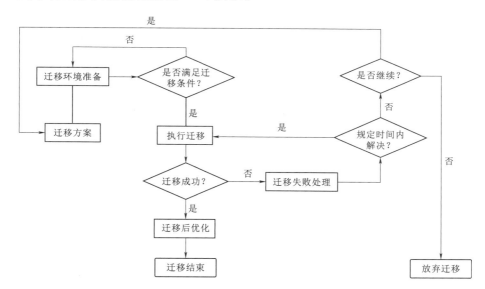

图 4-5　应用系统迁移实施流程

2. 迁移环境准备

迁移环境准备是迁移前最重要的工作，包括人员、网络环境、迁移技术手段、迁移工具等内容的准备。

（1）应用系统迁移前，相关人员应准备就绪。

1）迁移实施方。迁移实施方负责具体迁移工作。

2）应用系统开发商。应用系统开发商负责具体应用的部署和测试。

3）网络系统管理员。网络系统管理员负责网络的通信和连接情况。

4）系统管理员。系统管理员负责虚拟化环境的准备和资源提供，原物理服务器的密码等信息提供。

5）备份管理员。备份管理员负责对重要的数据和应用进行迁移前备份。

（2）确认 UAP 云平台具有足够的 CPU、内存、存储和网络资源，满足被迁移系统的需求。

（3）迁移前，对重要的数据和应用系统进行必要的备份，以防迁移过程中有意外的情况发生。

3．迁移执行

在迁移执行阶段，须严格执行制定的迁移方案和迁移流程。

4．迁移后虚拟机优化

在应用系统迁移到云平台环境后，应对虚拟机作出相关的设置调整，以满足更好的业务服务需求，具体调整可参考如下（不限于）：

（1）消除不必要的虚拟硬件设备。

（2）按需求适当增加或者减少虚拟资源配置，比如调整或者减少处理器和内存等设置。

（3）设置资源竞争相关参数，如设置虚拟机最小、最大 CPU 可用资源，以及发生竞争时的竞争权重等。

（4）调整虚拟机磁盘空间大小，满足应用系统的发展需求。

风电场的业务环境比较复杂，存在一些不确定性因素，业务迁移需要进行缜密的调研和论证，制定科学、规范的实施方案和应急回退方案，制定合理的操作规范，迁移服务流程步骤包括现状评估阶段、规划设计阶段、实施阶段和验证阶段。

（1）现状评估阶段。现状评估阶段包括信息收集、业务调研、工作负载虚拟化评估、应用关联分析、迁移环境评估、软/硬件资产虚拟化利用评估和可用性需求分析及风险评估。具体内容见表 4-1。

表 4-1　　　　　　　　　　现 状 评 估 阶 段

序号	项　目	描　　述
1	信息收集	使用工具收集源端服务器有业务负载时的 CPU、内存、存储 IO、网络 IO 性能指标；收集业务系统组件信息，避免迁移遗漏
2	业务调研	设计业务系统 IT 现状和迁移风险及业务关联的调研表，收集应用列表，以及迁移的商业需求和 IT 需求
3	工作负载虚拟化评估	根据采集数据，分析评估虚拟化可行性
4	应用关联分析	分析应用之间的关联关系，给出后续整合建议和迁移建议，以保证实施后对业务影响最小
5	迁移环境评估	对应用系统的硬件环境和网络环境进行评估，看是否满足迁移需要

续表

序号	项 目	描 述
6	软/硬件资产虚拟化利用评估	评估可利用的软件 License 资产；在整合场景，评估可虚拟化的旧硬件设备
7	可用性需求分析及风险评估	根据业务调研的需求和评估分析，针对不同应用整理对应的停机时间窗，识别关键应用迁移风险

（2）规划设计阶段。规划设计阶段包括容量规划、迁移规划、迁移策略制定、性能预估、业务应急预案、迁移验证方案和计划、迁移计划制定和迁移流程及分工，见表 4-2。

表 4-2 　　　　　　　　　　　规 划 设 计 阶 段

序号	项 目	描 述
1	容量规划	根据当前应用以及性能数据，规划： （1）VM 规格，具体包括 CPU、内存、存储、网络的规格。 （2）整合策略。分析现有工作负载，均衡考虑同一物理机器上对不同资源的需求，提供整合建议。 （3）预测模型。根据当前业务发展模型，估测出当前和以后的容量变化趋势，给出建议
2	迁移规划	（1）根据迁移后的应用部署调整需求或新的业务规划需求，对数据中心架构的设计提出需求，并确保设计落地。新数据中心具体的架构设计，请参考数据中心集成设计指导书。 （2）对搬迁过程中和搬迁后的网络和配置，根据应用部署策略进行调整规划，包括网络结构、IP、防火墙、数据库配置、客户端配置等
3	迁移策略制定	根据业务场景确定搬迁方式（应用搬迁或物理搬迁）、迁移步骤，分批、首次试点；避免数据大规模在广域网上传输
4	性能预估	对迁移后的应用性能进行预估，提前沟通迁移后的性能变化
5	业务应急预案	为每个业务系统提供应急预案，用于业务迁移中进行业务倒换演练及应急方案指导，将现有项目中容易出现问题的点准备对应的应急方案
6	迁移验证方案和计划	制定迁移验证的方案和用例、计划
7	迁移计划制定	根据业务之间的关联情况和业务关键程度对应用进行分组，制定最终的详细迁移计划，包括迁移工具熟悉时间、数据上传时间、最终同步时间，以及风险应对计划
8	迁移流程及分工	确定各种应用迁移的实际流程和分工合作界面

（3）实施阶段。实施阶段包括应急预案演练、迁移技术服务、网络调整、物理搬迁和应用迁移实施，见表 4-3。

表 4-3 　　　　　　　　　　　实 施 阶 段

序号	项 目	描 述
1	应急预案演练	对重要业务，迁移前进行应急预案演练，提前发现方案不足，确保业务连续性
2	迁移技术服务	在后台数据中心部署业务迁移工具，对业务迁移工具进行测试

续表

序号	项　目	描　述
3	网络调整	在数据中心迁移/整合过程中，需要根据业务调整带来的网络流量变化评估结果对网络结构进行调整
4	物理搬迁	对物理设备（如服务器、存储设备）的位置搬迁，包括打标签、装箱、贴封条、设备搬运和安装恢复
5	应用迁移实施	协助客户按照迁移计划将应用从传统 PC 平台迁移到云平台或者从原数据中心云平台迁移到新数据中心云平台

（4）验证阶段。验证阶段包括验证、业务迁移监控和业务迁移优化，见表 4-4。

表 4-4　　　　　　　　　　　　　　验　证　阶　段

序号	项　目	描　述
1	验证	根据迁移验证测试用例与客户进行验证，并对验证结果进行验收
2	业务迁移监控	对迁移后的业务系统进行监控，保证安全运行一个月；确保迁移后的应用性能和用户体验
3	业务迁移优化	针对评估结果和监控中发现的问题，对业务系统制定改进措施，对业务进行优化

4.7　风电场云计算数据中心的安全等级保护体系

自云计算的概念产生以来，各类与云计算相关的云服务纷纷涌现，随之而来的就是人们对云安全问题的关注。目前各个运营商、服务提供商以及安全厂商所提供的云安全解决方案，大都根据自己企业对云平台安全的理解，结合本企业专长，专注于某一方面的安全。然而，对于用户来说云平台是一个整体，需要构建云平台的整体安全防护体系。因此，针对云计算数据中心的安全需求建立信息安全防护体系已是大势所趋，云安全防护体系的建立，必将使云计算得以更加健康、有序的发展。

4.7.1　基本要求

风电场按照《信息安全技术信息系统安全等级保护基本要求》（GB/T 22239—2008）的要求，云计算数据中心系统要达到或实现等级保护相应的安全保护能力，需要达到基本要求中的技术要求（分为 5 类，分别是物理安全、网络安全、主机安全、应用安全、数据安全与备份恢复）和管理要求（分为 5 类，分别是安全管理机构、安全管理制度、人员安全管理、系统建设管理、系统运维管理）。

1. 物理安全

物理安全主要涉及的方面包括环境安全（防火、防水、防雷击等）设备和介质的防盗窃防破坏等方面。物理安全具体包括物理位置的选择、物理访问控制、防盗窃和防破坏、防雷击、防火、防水和防潮、防静电、温湿度控制、电力供应、电磁防护 10

个控制点。

2. 网络安全

网络安全主要关注的方面包括网络结构、网络边界以及网络设备自身安全等。网络安全具体包括结构安全、访问控制、安全审计、边界完整性检查、入侵防范、恶意代码防范、网络设备防护7个控制点。

3. 主机安全

主机安全包括服务器、终端/工作站等在内的计算机设备在操作系统及数据库系统层面的安全。主机安全具体包括身份鉴别、访问控制、安全审计、剩余信息保护、入侵防范、恶意代码防范、资源控制7个控制点。

4. 应用安全

应用安全就是保护系统的各种应用程序安全运行，包括基本应用（如消息发送、Web浏览等）和业务应用。应用安全具体包括身份鉴别、访问控制、安全审计、剩余信息保护、通信完整性、通信保密性、抗抵赖、软件容错、资源控制9个控制点。

5. 数据安全与备份恢复

数据安全主要是保护用户数据、系统数据、业务数据，将对数据造成的损害降至最小。备份恢复也是防止数据被破坏后无法恢复的重要手段，主要包括数据备份、硬件冗余和异地实时备份。数据安全和备份恢复具体包括数据完整性、数据保密性、备份和恢复3个控制点。

6. 安全管理机构

安全管理机构主要是在单位的内部结构上建立一整套从单位最高管理层（董事会）到执行管理层以及业务运营层的管理结构来约束和保证各项安全管理措施的执行。安全管理机构具体包括岗位设置、人员配备、授权和审批、沟通和合作、审核和检查5个控制点。

7. 安全管理制度

安全管理制度包括信息安全工作的总体方针、策略，规范各种安全管理活动的管理制度以及管理人员或操作人员日常操作的操作规程。安全管理制度具体包括管理制度、制定和发布、评审和修订3个控制点。

8. 人员安全管理

对人员安全的管理主要涉及对内部人员的安全管理和对外部人员的安全管理两方面。人员安全管理具体包括人员录用、人员离岗、人员考核、安全意识教育及培训、外部人员访问管理5个控制点。

9. 系统建设管理

系统建设管理分别从定级、设计建设实施、验收交付、测评等方面考虑，关注各项安全管理活动。系统建设管理具体包括系统定级、安全方案设计、产品采购和使用、自行软件开发、外包软件开发、工程实施、测试验收、系统交付、系统备案、等级测评、安全服务商选择11个控制点。

10. 系统运维管理

系统运维管理涉及日常管理、变更管理、制度化管理、安全事件处置、应急预案管理和安管中心等。系统运维管理具体包括环境管理、资产管理、介质管理、设备管理、监控管理和安全管理中心、网络安全管理、系统安全管理、恶意代码防范管理、密码管理、变更管理、备份与恢复管理、安全事件处置、应急预案管理13个控制点。

4.7.2 网络安全设计

1. 等级保护中对网络访问控制的要求

根据对风电场应用系统安全保护等级达到安全等级保护三级（S3、A2、G3）的基本要求，进行网络访问控制技术和产品的实施过程中，必须符合以下技术要求：

（1）应在网络边界部署访问控制设备，启用访问控制功能。

（2）应能根据会话状态信息为数据流提供明确的允许/拒绝访问的能力，控制粒度为端口级。

（3）应对进出网络的信息内容进行过滤，实现对应用层 HTTP、FTP、TELNET、SMTP、POP3 等协议命令级的控制。

（4）应在会话处于非活跃一定时间或会话结束后终止网络连接。

（5）应限制网络最大流量数及网络连接数。

（6）重要网段应采取技术手段防止地址欺骗。

（7）应按用户和系统之间的允许访问规则决定允许或拒绝用户对受控系统进行资源访问，控制粒度为单个用户。

（8）应限制具有拨号访问权限的用户数量。

2. 等级保护中对网络访问控制的实现

实现以上控制要求的最有效方法就是在风电场云计算数据中心网络关键网络位置部署应用防火墙网关设备，建议在互联网边界以及业务关联单位边界分别部署应用防火墙。

根据对风电场云计算数据中心应用系统安全保护等级达到安全等级保护三级（S3、A2、G3）的基本要求，进行网络入侵防范产品和技术实施过程中，必须符合以下技术要求：

（1）应在网络边界处监视以下攻击行为：端口扫描、强力攻击、木马后门攻击、拒绝服务攻击、缓冲区溢出攻击、IP碎片攻击和网络蠕虫攻击等。

（2）当检测到攻击行为时，记录攻击源 IP、攻击类型、攻击目的、攻击时间，在发生严重入侵事件时应提供报警。

3. 等级保护中对网络入侵防护的实现

对于风电场云计算数据中心的业务系统安全防护，重点要实现区域边界处入侵和攻击行为的检测，因此需要互联网区域部署 IPS 设备以及 WAF 等安全设备。

根据对风电场云计算数据中心应用系统安全保护等级达到安全等级保护三级（S3、A2、G3）的基本要求，进行网络入侵防范产品和技术实施过程中，必须符合以下技术要求：

（1）应对网络系统中的网络设备运行状况、网络流量、用户行为等进行日志记录。

（2）审计记录应包括事件的日期和时间、用户、事件类型、事件是否成功及其他与审计相关的信息。

（3）应能够根据记录数据进行分析，并生成审计报表。

（4）应对审计记录进行保护，避免受到未预期的删除、修改或覆盖等。

4. 等级保护中对网络安全审计的实现

网络安全审计管理是运维管理最重要的一部分，被审计对象不仅仅包括服务区域中的应用服务器等，还要对终端的行为进行审计；此外重要网络设备和安全设备也需列为审计和保护的对象。

需要在风电场云计算数据中心网络的核心交换机上部署 IDS 入侵检测系统以及数据库审计系统，将核心交换机对应的端口流量镜像到对应设备上，对抓到的包进行分析、匹配、统计，从而实现网络安全审计功能。

4.7.3　主机安全设计

1. 等级保护中对主机恶意代码防范的技术要求

根据对风电场云计算数据中心 OA 等系统安全保护等级达到安全等级保护三级（S3、A2、G3）的基本要求，进行系统主机恶意代码防范技术实施过程中，必须要符合以下技术要求：

（1）应安装防恶意代码软件，并及时更新防恶意代码软件版本和恶意代码库。

（2）主机防恶意代码产品应具有与网络防恶意代码产品不同的恶意代码库。

（3）应支持防恶意代码的统一管理。

2. 等级保护中对主机防恶意代码防范的实现

根据以上要求，风电场中心网络服务器系统和终端防病毒系统应具备自动更新病毒代码库的功能，具备统一的病毒代码控制台，可部署一套网络防病毒软件。网络防病毒体系一般由控制台、系统中心、服务器端、客户端等几个相互关联的子系统组成。每一个子系统均包括若干不同的模块，除承担各自的任务外，还与其他子系统通信，协同工作，共同完成对整个网络的病毒防护工作。系统主机层面的防病毒系统部署主要是在对外服务器区域和安全管理区域的重要服务器主机上，以及所有办公终端上部署防病毒产品。产品部署建议如下：

（1）在网络所有服务器主机和终端统一部署网络防病毒客户端。

（2）在安全管理区中部署一台网络杀毒服务器，安装网络版防病毒的服务管理端。

（3）在安全维护管理人员使用的终端设备上部署管理控制台程序，用于对防病毒服务器的状态和策略维护。

（4）病毒库升级工作由网络杀毒服务器自动连接互联网进行。

（5）机房服务器的防病毒系统可以自行连接互联网升级服务器进行升级。

4.7.4 主机安全管理

1. 等级保护中对主机安全管理的技术要求

根据对风电场云计算数据中心应用系统保护等级达到安全等级保护三级（S3、A2、G3）的基本要求，必须要符合以下技术要求：

（1）应能够对非授权设备私自连到内部网络的行为进行检查，准确定出位置，并对其进行有效阻断。

（2）应能够对内部网络用户私自连到外部网络的行为进行检查，准确定出位置，并对其进行有效阻断。

（3）应根据资产的重要程度对资产进行标识管理，根据资产的价值进行管理。

（4）应对信息分类与标识方法作出规定，并对信息的使用、传输和存储等进行规范化管理。

（5）应实现设备的最小服务配置，并对配置文件进行定期离线备份。

（6）应保证所有与外部系统的连接均得到授权和批准。

（7）应依据安全策略允许或者拒绝便携式和移动式设备的网络接入。

（8）应定期检查违反规定拨号上网或其他违反网络安全策略的行为。

2. 等级保护中对主机安全管理的实现

实现以上对信息资产的收集、分类，实现系统的合理服务配置、限制非法的网络连接等，最直接的办法就是部署终端安全管理系统。该类系统具有资产收集和管理、终端服务进程管理、网络准入控制、检查网络非法外联等功能。

根据上述情况，可在风电场云计算数据中心网络中部署一套功能完备的终端安全管理系统，功能如下：

（1）终端安全管理功能。

1）违规联网监控和 IP、MAC 绑定。

2）移动存储设备监控审计。

3）非正常终端阻止入网。

4）软件安装行为限制。

（2）终端资产管理功能。

1）硬件资源管理。

2）软件资源管理（包括安装软件和运行进程）。

3）软件和进程黑、白名单监控功能。

4）客户端任务分发（包括软件分发）。

5）IP 管理和设备入网管理功能。

6）远程呼叫帮助维护平台。

（3）补丁管理功能。

1）客户端漏洞自动侦测。

2）补丁自动下载安装。

内网安全管理产品可以通过用软件进行软阻断的方法对非正常主机和非授权主机联网进行阻断，防范非授权终端随意接入网络，从而防范内部涉密重要信息的泄露。内网安全管理及补丁分发产品系统能对非法接入计算机的行为进行报警，并能够自动阻断，如外来的笔记本电脑和新增设备的接入。具体部署如下：

（1）在网络所有服务器主机和终端统一部署内网安全管理系统客户端。

（2）在安全管理区中部署一台网络安全监控服务器，安装系统的服务管理端。

（3）在安全维护管理人员使用的终端设备上部署管理控制台程序，用于对管理服务器的状态和策略维护。

（4）系统升级工作由管理服务器自动连接互联网进行。

4.7.5　应用安全设计

根据对风电场云计算数据中心应用系统安全保护等级达到安全等级保护三级（S3、A2、G3）的基本要求，信息系统对应用安全的防护必须符合以下技术要求：

1. 身份鉴别（S3）

身份鉴别要求如下：

（1）应提供专用的登录控制模块对登录用户进行身份标识和鉴别。

（2）应对同一用户采用两种或两种以上组合的鉴别技术实现用户身份鉴别。

（3）应提供用户身份标识唯一和鉴别信息复杂度检查功能，保证应用系统中不存在重复用户身份标识，身份鉴别信息不易被冒用。

（4）应提供登录失败处理功能，可采取结束会话、限制非法登录次数和自动退出等措施。

（5）应启用身份鉴别、用户身份标识唯一性检查、用户身份鉴别信息复杂度检查以及登录失败处理功能，并根据安全策略配置相关参数。

2．访问控制（S3）

访问控制要求如下：

（1）应提供访问控制功能，依据安全策略控制用户对文件、数据库表等客体的访问。

（2）访问控制的覆盖范围应包括与资源访问相关的主体、客体及它们之间的操作。

（3）应由授权主体配置访问控制策略，并严格限制默认账户的访问权限。

（4）应授予不同账户为完成各自承担任务所需的最小权限，并在它们之间形成相互制约的关系。

（5）应具有对重要信息资源设置敏感标记的功能。

（6）应依据安全策略严格控制用户对有敏感标记重要信息资源的操作。

3．安全审计（G3）

安全审计要求如下：

（1）应提供覆盖到每个用户的安全审计功能，对应用系统重要安全事件进行审计。

（2）应保证无法单独中断审计进程，无法删除、修改或覆盖审计记录。

（3）审计记录的内容至少应包括事件的日期、时间、发起者信息、类型、描述和结果等。

（4）应提供对审计记录数据进行统计、查询、分析及生成审计报表的功能。

4．剩余信息保护（S3）

剩余信息保护要求如下：

（1）应保证用户鉴别信息所在的存储空间被释放或再分配给其他用户前得到完全清除，无论这些信息是存放在硬盘上还是在内存中。

（2）应保证系统内的文件、目录和数据库记录等资源所在的存储空间被释放或重新分配给其他用户前得到完全清除。

5．通信完整性（S3）

应采用密码技术保证通信过程中数据的完整性。

6．通信保密性（S3）

通信保密性要求如下：

（1）在通信双方建立连接之前，应用系统应利用密码技术进行会话初始化验证。

（2）应对通信过程中的整个报文或会话过程进行加密。

7. 抗抵赖 （G3）

抗抵赖要求如下：

（1）应具有在请求的情况下为数据原发者或接收者提供数据原发证据的功能。

（2）应具有在请求的情况下为数据原发者或接收者提供数据接收证据的功能。

8. 软件容错 （A2）

软件容错要求如下：

（1）应提供数据有效性检验功能，保证通过人机接口输入或通过通信接口输入的数据格式或长度符合系统设定要求。

（2）应提供自动保护功能，当故障发生时自动保护当前所有状态，保证系统能够进行恢复。

9. 资源控制 （A2）

资源控制要求如下：

（1）当应用系统的通信双方中的一方在一段时间内未做任何响应，另一方应能够自动结束会话。

（2）应能够对应用系统的最大并发会话连接数进行限制。

（3）应能够对单个账户的多重并发会话进行限制。

4.7.6 数据安全及备份恢复设计

1. 等级保护中对数据安全及备份恢复的技术要求

根据对风电场云计算数据中心应用系统安全保护等级达到安全等级保护三级（S3、A2、G3）的基本要求，信息系统数据安全及备份恢复必须符合以下技术要求：

（1）数据完整性（S3）。要求如下：

1）应能够检测到系统管理数据、鉴别信息和重要业务数据在传输过程中的完整性受到破坏，并在检测到完整性错误时采取必要的恢复措施。

2）应能够检测到系统管理数据、鉴别信息和重要业务数据在存储过程中的完整性受到破坏，并在检测到完整性错误时采取必要的恢复措施。

（2）数据保密性（S3）。要求如下：

1）应采用加密或其他有效措施实现系统管理数据、鉴别信息和重要业务数据传输的保密性。

2）应采用加密或其他保护措施实现系统管理数据、鉴别信息和重要业务数据存储的保密性。

（3）备份和恢复（A2）。要求如下：

1）应能够对重要信息进行备份和恢复。

2）应提供关键网络设备、通信线路和数据处理系统的硬件冗余，保证系统的可用性。

2. 等级保护中对数据安全及备份恢复的技术实现

根据风电场云计算数据中心应用系统为了达到等级保护三级要求，对于风电场云计算数据中心应用系统数据安全及备份恢复实现方式具体如下：

（1）构建 PKI/CA 认证体系，对重要应用系统采用 PKI/CA 认证方式进行授权认证访问，保障了数据安全的抗抵赖性、完整性、保密性。

（2）通过 SSL 加密访问管理方式实现传输过程中的保密和完整性要求。

（3）对于存储的保密性和完整性要求可以通过加密存储介质来进行存储，并建立异地灾备中心，采用实时数据同步系统，自动进行数据库增量备份，保障其完整性。

（4）对系统或者数据库可以采用主备或者集群方式进行，并结合负载均衡设备更好地解决单点故障问题。

4.7.7 系统运维管理安全设计

1. 等级保护中对系统运维管理安全的技术要求

根据对风电场云计算数据中心应用系统安全保护等级达到安全等级保护三级（S3 A2 G3）的基本要求，系统运维管理安全必须符合以下技术要求：

（1）网络安全管理方面。要求如下：

1）应建立安全管理中心，对设备状态、恶意代码、补丁升级、安全审计等安全相关事项进行集中管理。

2）应定期对网络系统进行漏洞扫描，对发现的网络系统安全漏洞进行及时修补。

3）应定期对运行日志和审计数据进行分析，以便及时发现异常行为。

（2）监控管理和安全管理中心方面。要求如下：应建立安全管理中心，对设备状态、恶意代码、补丁升级、安全审计等安全相关事项进行集中管理。

2. 等级保护中对系统运维管理安全的技术实现

根据风电场云计算数据中心的网络情况现状分析，为了达到等级保护三级要求，对于风电场云计算数据中心应用系统的系统运维管理安全实现方式具体如下：

（1）通过部署安全运维管理中心，对全网应用系统、安全设备等进行日志收集整合，实时监测全网安全情况，并通过短信、邮件等方式进行自动报警反馈等功能。

（2）通过部署终端安全管理系统，可以对终端、服务器等设备进行安全补丁统一管理修复，及时解决系统安全问题。

（3）通过部署漏洞扫描系统，及时对全网应用系统、安全设备等进行漏洞扫描，并自动生成报表进行反馈，及时修复应对安全漏洞。

4.8　本章小结

　　云计算是基于互联网、通过虚拟化方式共享资源的计算模式，将软件资源、硬件资源、数据资源集中部署在云计算数据中心，只需提供简单的桌面，按照用户的动态需要，以服务的方式发布各种资源。本章介绍了云计算数据中心的特点和技术优势，阐述了风电场云计算数据中心的技术架构、建设思路和关键技术，详细阐述了风电场云计算数据中心的建设及实施方案，最后对云计算数据中心的安全等级保护体系进行了详细讨论。

## 第 5 章

风电场大数据的存储与管理

目前，风电场日常运维亟待解决的主要问题是传统被动的、故障导向的、低效粗放的运维模式导致运维效率低、成本高、效果差，经常造成运维资源利用率低、设备失修过修、备品备件占用大量资金、运维的自动化程度低等，严重影响了风电场运营效益。为了保证风电场的安全运行、提高运营管理效率，需要一套高效、稳定的实时数据采集、处理、转发、分析的基于云计算的分布式风电机组数据实时采集与处理系统。其主要功能是负责远程采集各个风电机组海量的实时运行数据，对数据进行规范化整理，并将数据插入数据库中或转发给需要数据的业务系统。

所有风电机组运行的原始数据、生产运维与分析结果数据，均会在云平台上存储，以保证数据的安全性和统一性。风电场的规范化运行数据、设备运行维护数据、气象环境数据、电网运行数据、物资物料等需要实时汇总到风电场的私有云中，通过数据分析与挖掘，为风电场开展智能运维分析、故障诊断等提供高效、稳定的数据服务。

和传统的物理服务器架构项目相比，基于云计算平台的架构，在服务器横向扩充、数据安全隔离、数据备份维护、服务共享、数据查询统计上均有极大的优势。

传统的计算机系统和数据库无法处理大数据，因为它们只能运行在一些小的计算机集群上，并且这些系统非常昂贵，往往需要一些特殊的硬件支持。Hadoop 平台与传统的计算机集群或超级计算机的最大不同之处在于，这种架构的底层是由大量商用计算机组成的。每一台计算机都称为一个节点。节点放置在机架上，每一个机架包含30～40 个节点。节点之间通过高速网络连接，在机架内外进行切换。数据分布式地存储在这些节点上，通过分布式的数据存储与管理系统统一管理。本章将介绍 Hadoop 大数据存储与管理平台，对风电场大数据进行统一存储与管理。

5.1 概述

5.1.1 分布式存储和计算平台 Hadoop

5.1.1.1 Hadoop 简介

Hadoop 是一个由 Apache 基金会所开发的分布式系统基础架构。用户可以在不了解分布式底层细节的情况下，开发分布式程序，充分利用集群的威力进行高速运算和存储。其基于 Java 语言开发，具有很好的跨平台特性，可以部署在廉价的计算机集群中。其特点主要是能够存储并管理 PB 级数据，且可以很好地处理非结构化数据，擅长大吞吐量的数据处理，应用模式为"一次写多次读"存取模式。由于采用分布式架构，Hadoop 具有很好的可扩展性和容错性。Hadoop 有 6 个优势，包括：最易于扩充的分布式架构；善于处理非结构化数据；自动化的并行处理机制；可靠性高、容错强；计算靠近存储；低成本计算和存储。

5.1.1.2　Hadoop 生态系统

Hadoop 生态系统除了核心的 HDFS 和 MapReduce 外，还包括 Hive、HBase、Pig、Sqoop、Flume、ZooKeeper、Mahout、Spark 等功能组件。具体如下：

HDFS：HDFS 为 Hadoop 生态系统的基础组件，是 Hadoop 分布式文件系统。HDFS 的机制是将大量数据分布到计算机集群上，数据一次写入，但可以多次读取用于分析。HDFS 是 HBase 等其他一些工具的基础。

MapReduce：Hadoop 的主要执行框架即 MapReduce。它是一个用于分布式并行数据处理的编程模型，将作业分为 mapping 阶段和 reduce 阶段（因此而得名）。开发人员为 Hadoop 编写 MapReduce 作业，并使用 HDFS 中存储的数据，而 HDFS 可以保证快速的数据访问。鉴于 MapReduce 作业的特性，Hadoop 以并行的方式将处理过程移向数据，从而实现快速处理。

Hive：Hive 类似于 SQL 的高级语言，用于执行对存储在 Hadoop 中数据的查询。Hive 允许不熟悉 MapReduce 的开发人员编写数据查询语句，它会将其翻译为 Hadoop 中的 MapReduce 作业。类似于 Pig，Hive 是一个抽象层，但更倾向于面向较熟悉 SQL 而不是 Java 编程的数据库分析师。

HBase：HBase 为构建在 HDFS 之上的面向列的 NoSQL 数据库，用于对大量数据进行快速读取/写入。HBase 将 ZooKeeper 用于自身的管理，以保证其所有组件都正在运行。

Pig：对 MapReduce 编程复杂性的抽象，Pig 平台包含用于分析 Hadoop 数据集的执行环境和脚本语言（Pig Latin）。它的编译器将 Pig Latin 翻译为 MapReduce 程序序列。

Sqoop：Sqoop 是一个连通性工具，用于在关系型数据库和数据仓库与 Hadoop 之间移动数据。Sqoop 利用数据库来描述导入/导出数据的模式，并使用 MapReduce 实现并行操作和容错。

Flume：Flume 是一个分布式的、具有可靠性和高可用性的服务，用于从单独的机器上将大量数据高效地收集、聚合并移动到 HDFS 中。它基于一个简单灵活的架构，提供流式数据操作。它借助于简单可扩展的数据模型，允许将来自企业中多台机器上的数据移至 Hadoop。

ZooKeeper：ZooKeeper 是 Hadoop 的分布式协调服务。ZooKeeper 被设计成可以在机器集群上运行，是一个具有高度可用性的服务，用于 Hadoop 操作的管理，而且很多 Hadoop 组件都依赖它。

Mahout：Mahout 为机器学习和数据挖掘的数据库，提供用于聚类、回归测试和统计建模常见算法的 MapReduce 实现。

5.1.2 分布式文件系统简介

5.1.2.1 分布式文件系统特性

根据 CAP（consistency，availability，tolerance to network partitions）理论，在分布式系统中，一致性、可用性、容错性三者不可兼得，追求其中两个目标必将损害另外一个目标。并行数据库系统追求高度的一致性和容错性（通过分布式事务、分布式锁等机制），无法获得良好的扩展性和系统可用性，而系统的扩展性是大数据分析的重要前提。

分布式文件系统向客户端提供了一种永久的存储器，在分布式文件系统中一组对象从创建到删除的整个过程完全不受文件系统故障的影响。这个永久的存储器由一些存储资源联合组成，客户端可以在存储器上创建、删除、读和写文件。分布式文件系统与本地文件系统不同，它的存储资源和客户端分散在一个网络中。文件通过层级结构和统一的视图在用户之间相互共享，虽然文件存储在不同的存储资源上，但用户就像是将不同文件存储在同一个位置。

分布式文件系统应当具有透明性、容错性和伸缩性。

5.1.2.2 分布式文件系统结构

图 5-1 为一种比较典型的分布式文件系统架构，主要包括主控服务器、多个数据服务器以及多个客户端，客户端可以是各种应用服务器，也可以是终端用户。

（1）主控服务器。也称元数据服务器、名字服务器等，通常会配置备用主控服务器以便在故障时接管服务，也可以两个都为主的模式。其功能主要是管理命名空间的维护、数据服务器管理、服务调度等。

（2）数据服务器。也称存储服务器、存储结点等，其功能主要包括数据本地存储、本地服务器的状态维护以及数据的副本管理。

（3）客户端。客户端可以是各种应用服务器，也可以是终端用户。用户可以通过文件系统提供的接口来存取数据。但是，在对分布式文件系统的文件进行存取时，要求客户端先连接 Master 获取一些用于文件访问的元信息，这一过程不仅加重了 Master 的负担，也增加了客户端请求的响应延迟，因此为了加速该过程，同时减轻 Master 的负担，系统将元信息进行缓存，数据可根据业务特性缓存在本地内存或磁

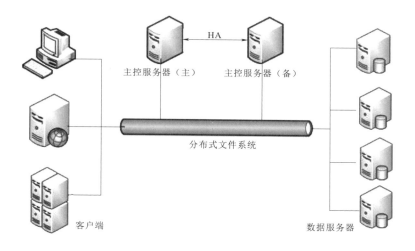

图 5-1 分布式文件系统架构

盘，也可缓存在远端的高速缓存系统上。另外，客户端还可以根据需要支持一些扩展特性，如将数据进行加密保证数据的安全性，将数据进行压缩后存储降低存储空间使用。或是在接口中封装一些访问统计行为，以支持系统对应用行为进行监控和统计。

基于上述架构，分布式文件系统可以处理超大文件，并可运行在廉价的机器集群上，但是并不适合低延迟数据访问，而且无法高效地存储大量的小文件。

5.1.2.3 主流分布式文件系统

分布式文件系统的存储资源非本地直连而是通过网络连接，可划分为 NFS、AFS、cluster file system（集群文件系统）、parallel file system（并行文件系统）。其中，集群文件系统是由多个服务器结点组成的 DFS。例如 ISILON、LoongStore、Lustre、ClusterFS、GFS、HDFS。在并行文件系统中，所有客户端可以同时并发读写同一个文件，并且支持并行应用（如 MPI），其典型系统包括 GPFS、StorNext、BWFS、GFS、Panasas。

（1）NFS。NFS 是个分布式的客户机/服务器文件系统。它的实质在于用户间计算机的共享，用户可以连接到共享计算机并像访问本地硬盘一样访问共享计算机上的文件。管理员可以建立远程系统上文件的访问，以至于用户感觉不到他们是在访问远程文件。NFS 是个到处可用和广泛实现的开放式系统，其结构如图 5-2 所示。

拥有实际的物理磁盘并且通过 NFS 将这个磁盘共享的主机称为 NFS 文件服务器，通过 NFS 访问远程文件系统的主机称为 NFS 客户机。一台 NFS 客户机可以获取许多 NFS 服务器提供的服务。相反，一台 NFS 服务器可以与多台 NFS 客户机共享它的磁盘。一台共享了部分磁盘的 NFS 服务器也可以是另一台 NFS 服务器的客户机。

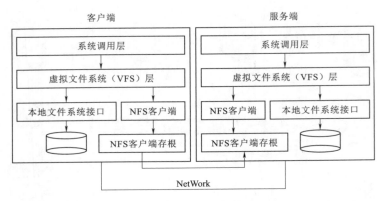

图 5-2　NFS 架构

（2）AFS。AFS 是美国卡内基梅隆大学开发的一种分布式文件系统，主要功能是管理分布在网络不同结点上的文件。它提供给用户的只是一个完全透明的、永远唯一的逻辑路径，AFS 的这种功能往往被用于用户的 home 目录，以使得用户的 home 目录唯一，而且避免了数据的不一致性。

AFS 基于客户端/服务器结构，服务器是一台机器或者是运行在一台机器上的进程，用来为其他的机器提供专门的服务。客户端是一台机器或在其工作过程中使用服务器提供服务的进程，客户端和服务器的功能区别并不总是局限性的。AFS 将网络中的机器分成文件服务器和客户端两种基本的类型，并向它们指派各式各样的任务。

1）单元（cell）。单元是 AFS 一个独立的维护站点，通常代表一个组织的计算资源。一个存储结点在同一时间内只能属于一个站点，而一个单元可以管理数个存储结点。

2）卷（volume）。卷是一个 AFS 目录的逻辑存储单元，可以把它理解为 AFS 的 cell 之下的一个文件目录。AFS 系统负责维护一个单元中存储的各个结点上的卷内容保持一致。

3）挂载点（mount point）。挂载点关联目录和卷的机制。

4）复制（replication）。隐藏在一个单元之后的卷可能在多个存储结点上维护着备份，但是对用户是不可见的。当一个存储结点出现故障时，另一个备份卷会接替工作。

5）缓存和回调（caching and callback）。AFS 依靠客户端的大量缓存来提高访问速度。当多个客户端缓存的文件被修改时，必须通过回调来通知其他客户端更新。

（3）并行文件系统。为对并行文件系统做进一步了解，在此对 GFS（Google file system）做详细介绍。GFS 是 Google 公司为了存储海量搜索数据而设计的一个可扩展的分布式文件系统，可用于大型的、分布式的、对大量数据进行访问的应用。同时它可运行于廉价的普通硬件上，并通过容错功能为大量的用户提供总体性能较高的服务。GFS 架构如图 5-3 所示。

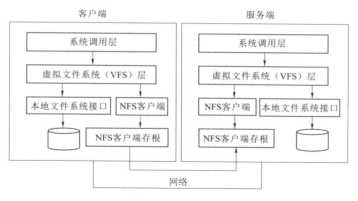

客户端　　　　　　　　　　　　　服务端

图 5-3　GFS 架构

在图 5-3 中，Client（客户端）是应用程序的访问接口；Master（主服务器）是管理节点，在逻辑上只有一个，保存系统的元数据，负责整个文件系统的管理；Chunk Server（数据块服务器）负责具体的存储工作，数据以文件的形式存储在 Chunk Server 上。在 Client 和 Master 之间只有控制流，没有数据流，此设计大大降低了 Master 的负载。另外，在 Client 与 Chunk Server 之间直接传输数据流，同时由于文件被分成多个 Chunk 进行分布式存储，因此 Client 可以同时并行访问多个 Chunk Server，从而提高系统的 I/O 并行度。

GFS 采用中心服务器模式可以方便地增加 Chunk Server，消除元数据的不一致性，快捷地进行负载均衡。同时 GFS 不进行数据缓存（没有系统 cache），因此不存在数据的大量重复读写，并且无须考虑 cache 中的数据与 Chunk Server 中的数据的一致性问题。但是，GFS 只能有一个主服务器，系统的最大存储容量和正常工作时间受制于主服务器的容量和正常工作时间。同时，因为主服务器要将所有的元数据进行编制，几乎所有的动作和请求都经过主服务器，这对主服务器的性能提出了更高的要求。

（4）分布式文件系统。分布式文件系统的典型代表为 HDFS（Hadoop distributed file system），它最初是作为 Apache Nutch 搜索引擎项目的基础架构而开发的，是 A-pache Hadoop 核心项目的一部分。HDFS 开源实现了 GFS 的基本思想。HDFS 支持流数据读取和处理超大规模文件，并能够运行在由廉价的普通机器组成的集群上，这主要得益于 HDFS 在设计之初就充分考虑了实际应用环境的特点：硬件出错在普通服务器集群中是一种常态，而不是异常。因此，HDFS 在设计上采取了多种机制保证在硬件出错的环境中实现数据的完整性。总体而言，HDFS 要实现以下目标：

1）兼容廉价的硬件设备。在成百上千台廉价服务器中存储数据，常会出现节点失效的情况，因此 HDFS 设计了快速检测硬件故障和进行自动恢复的机制，可以实现持续监视、错误检查、容错处理和自动恢复，从而使得在硬件出错的情况下也能实现数据的完整性。

2）流数据的读写。普通文件系统主要用于随机读写以及与用户进行交互，而 HDFS 则是为了满足批量数据处理的要求而设计的，因此为了提高数据吞吐率，HDFS 放松了一些 POSIX 的要求，从而能够以流式方式来访问文件系统数据。

3）大数据集。HDFS 中的文件容量通常可以达到 GB 甚至 TB 级别，一个数百台机器组成的分布式集群里面可以支持千万级别这样的文件。

4）简单的文件模型。HDFS 采用了"一次写入、多次读取"的简单文件模型，文件一旦完成写入，关闭后就无法再次写入，只能被读取。

5）强大的跨平台兼容性。HDFS 是采用 Java 语言实现的，具有很好的跨平台兼容性，支持 JVM（Java Virtual Machine）的机器都可以运行 HDFS。

HDFS 特殊的设计，在实现上述优良特性的同时，也使得自身具有一些应用局限性，主要包括以下方面：

1）不适合低延迟数据访问。HDFS 主要是面向大规模数据批量处理而设计的，采用流式数据读取，具有很高的数据吞吐率，但是，这也意味着较高的延迟。因此，HDFS 不适合用在需要较低延迟（如数十毫秒）的应用场合。对于低延时要求的应用程序而言，HBase 是一个更好的选择。

2）无法高效存储大量小文件。小文件是指文件大小小于一个块的文件，HDFS 无法高效存储和处理大量小文件，过多小文件会给系统扩展性和性能带来诸多问题。

3）不支持多用户写入及任意修改文件。HDFS 只允许一个文件有一个写入者，不允许多个用户对同一个文件执行写操作，而且，只允许对文件执行追加操作，不能执行随机写操作。

5.1.3 分布式数据库简介

5.1.3.1 分布式数据库特性

分布式数据库是指利用高速计算机网络将物理上分散的多个数据存储单元连接起来组成一个逻辑上统一的数据库。分布式数据库产生于 20 世纪 70 年代，经过 80 年代的成长阶段，到了 90 年代已实现商品化，在 21 世纪得到大规模应用。其基本思想是将原来集中式数据库中的数据分散存储到多个通过网络连接的数据存储结点上，以获取更大的存储容量和更高的并发访问量。相对于中心数据库，分布式数据库具有以下特点：

（1）降低了传送代价。因为大多数对数据库的访问操作都是针对局部数据库的，而不对其他位置的数据库进行访问。

（2）数据独立性。除了数据的逻辑独立性和物理独立性之外，还有数据分布的透明性。即用户不用关心数据的逻辑分布、物理分布，在用户的应用程序中，如同操作一个集中式数据库。

（3）集中和结点自治相结合。每个局部结点都有一个完全的数据库系统，各个局部结点的数据库管理系统（database management system，DBMS）可独立地管理局部数据库，同时又服从集中控制机制，支持全局的应用。

（4）支持全局数据库的一致性和可恢复性。由于全局应用涉及多个局部结点上的数据，有全局事务的提交和回滚。

（5）位置透明性。用户和应用程序无须知道所使用的数据存储位置。简化了应用程序的复杂性，即使存储数据的位置发生改变，应用程序也无须改变。

（6）复制透明性。在分布式系统中，为了提高系统的性能和可用性，可把一个场地的数据复制到其他场地存放。应用程序执行时，如果使用复制到本地的数据，可以在本地数据库基础上运行，避免通过网络传输数据，提高了系统的运行和查询效率。但是，对于有复制数据的更新操作，涉及对所有复制数据库的更新。所谓复制透明性，是指用户不用关心数据库在网络中各个结点的复制情况，被复制数据的更新都由系统自动完成。

（7）易于扩展性。在大多数网络环境中，单个数据库服务器最终无法满足需求。如果服务器软件能支持透明的水平扩展，可以通过增加多个服务器或处理器（多处理器计算机）来进一步分布数据和分担处理任务。

5.1.3.2　分布式数据库系统结构

根据我国制定的《分布式数据库系统标准》，分布式数据库系统抽象为四层结构模式，这种结构模式得到了国内外的支持和认同。四层模式划分为全局外层、全局概念层、局部概念层和局部内层，在各层间还有相应的层间映射。这种四层模式适用于同构型分布式数据库系统，也适用于异构型分布式数据库系统，如图 5-4 所示。

（1）全局外层。定义全局用户视图，是分布式数据库的全局用户对分布式数据库最高层的抽象。全局用户使用视图时，不必关心数据的分片和具体的物理分配细节。

（2）全局概念层。定义全局概念视图，是分布式数据库的整体抽象，包含了全部数据特征和逻辑结构。与集中式数据库中的概念模式一样，是对数据库全体的描述。全局概念模式经过分片模式和分配模式映射到局部模式。分片模式是描述全局数据的逻辑划分视图，即根据某种条件的划分，将全局数据逻辑结构划分为局部数据逻辑结构，每一个逻辑划分成一个分片，在关系数据库中。一个关系中的一个子关系称为该关系的一个分片。分配模式是描述局部数据逻辑的局部物理结构，即划分后的分片的物理分配视图。

（3）局部概念层。定义局部概念视图，是全局概念模式的子集。全局概念模式经逻辑划分后，被分配到各局部场地上，用于描述局部场地上的局部数据逻辑结构。当全局数据模型与局部数据模型不同时，还涉及数据模型转换等内容。

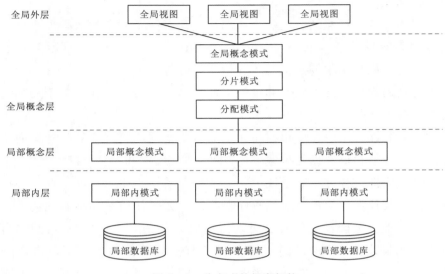

图 5-4　分布式数据库架构

（4）局部内层。定义局部物理视图，是对物理数据库的描述，类似于集中教据库的内层。

分布式数据库的四层结构及模式定义描述了分布式数据库是一组用网络连接的局部数据库的逻辑集合。它将数据库分为全局数据库和局部数据库。全局数据库到局部数据库由映射（1∶N）模式描述。全局数据库是虚拟的，由全局概念层描述；局部数据库是全局数据库的内层，由局部概念层和局部内层描述。全局用户只关心全局外层定义的数据库用户视图，其内部数据模型的转换、场地分配等由系统自动实现。

基于分布式数据库的架构，分布式数据库的优点为：①具有灵活的体系结构；②适应分布式的管理和控制机构；③经济性能优越；④系统的可靠性高、可用性好；⑤局部应用的响应速度快；⑥可扩展性好，易于集成现有系统。其缺点为：①系统开销大，主要花在通信部分；②复杂的存取结构，原来在集中式系统中有效存取数据的技术，在分布式系统中都不再适用；③数据的安全性和保密性较难处理。

5.1.3.3　主流分布式数据库

分布式数据库的分类很多。为全面、系统地对分布式数据库进行分类，可采用分布式数据库的三个特征（分布性、异构性、自治性）来描述分布式数据库的类型。

分布性是指系统的各组成单元是否位于同一场地上。分布式数据库系统是物理上分散、逻辑上统一的系统，即具有分布性；而集中式数据库系统集中在一个场地上，所以不具有分布性。

异构性是指系统的各组成单元是否相同，不同为异构，相同为同构。异构主要包括：数据异构性指数据在格式、语法和语义上存在不同；数据系统异构性指各个场地上的局部数据库系统是否相同，如均采用 Oracle 数据库系统的同构数据系统，或某些场地上采用 Sybase 数据库系统，某些场地采用 Informix 系统的异构数据库系统；平台异构性指计算机系统是否相同，如均为微机系统组成的同构平台系统或由 VAX 或 Alpha 系统等异构平台组成的系统。

自治性是指每个场地的独立自主能力。自治性通常由设计自治性、通信自治性和执行自治性三方面来描述。根据自治性，系统可分为集中式系统、联邦式系统和多库系统。集中式系统即传统的数据库；联邦式系统是指实现需要交互的所有数据库对之间的一对一连接；多库系统是指若干相关数据库的集合。各个数据库可以存在同一场地，也可分布于多个场地。对多数据库系统进行管理的软件称为多数据库管理系统，多数据库管理系统是对一组自治的数据库进行管理，并提供透明访问。

根据上述分布式数据库的特征可对其进行分类，见表 5-1。

表 5-1　　　　　　　　　　　　　分 布 式 数 据 库 分 类

存 储 类 型	存 储 系 统
行导向存储	MySQL，Oracle RAC，Voldemort
文档导向存储	MongoDB，SimpleDB，CouchDB 等
列导向存储	C-Store，SyBase IQ，BigTable，HBase
行列混合导向存储	Greenplum，Oracle Exadata 等
图形数据库	Neo4j，FlockDB，AllegroGraph 等
Ket-Value 数据库	Dynamo，Apache Cassandra

（1）文档导向存储。1989 年起，Lotus 通过其群件产品 Notes 提出了数据库技术的全新概念——文档数据库，它主要用来管理文档。文档数据库仍属于数据库范畴，它可以共享相同的数据，并且具有数据的物理独立性和逻辑独立性，数据和程序分离。但是文档数据库又区别于传统的其他数据库，在传统的数据库中，信息被分割成离散的数据段，而在文档数据库中，文档是处理信息的基本单位。同时，文档数据库也不同于关系数据库，关系数据库是高度结构化的，而 Notes 的文档数据库允许创建许多不同类型的非结构化的或任意格式的字段，一个文档可以很长、很复杂，可以无结构，与字处理文档类似，一个文档相当于关系数据库中的一条记录。与关系数据库的主要不同在于，它不提供对参数完整性和分布事务的支持，但和关系数据库也不是相互排斥的，它们之间可以相互交换数据，从而相互补充、扩展。

（2）列导向存储。列式数据库是以列相关存储架构进行数据存储的数据库，主要适合于批量数据处理和即时查询。磁盘的每个 Page 仅仅存储来自单列的值，而不是整行的值。因此，压缩算法会更加高效。

列数据库按列存储的结构，便于在列上对数据进行轻量级的压缩，列上多个相同的值只需要存储一份。压缩能够大大地降低存储成本。按列存储和压缩的特点，也为列数据库在查询方面带来巨大优势，因为将更多的数据压缩在一起，每次读取时可以获得更多的数据。同时，因为列数据库各条记录在磁盘中是按照关键码值压缩顺序存放的，采用的是稀疏索引，即把连续的若干记录分成组（块），对一组（块）记录建立一个索引项，因此列数据库先进的索引技术也大大提高了数据库的管理水平。

（3）行列混合导向存储。行列混合导向存储数据库结合了行存储和列存储的优点，其典型的代表为 Oracle Exadata。Oracle Exadata 的核心是由 DataBase Machine（数据库服务器）与 Exadata Storage Server（存储服务器）组成的一体机硬件平台。运行在 Exadata 上的软件核心为 Oracle 数据库和 Exadata Cell 存储管理软件。其架构如图 5-5 所示。

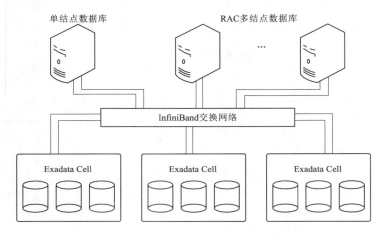

图 5-5　Oracle Exadata 架构

1）ASM。Database Machine 通过使用 Exadata Storage Server 技术为 Oracle 数据库的单实例实现和 RAC 实现提供了智能的高性能共享存储。通过使用 Oracle 数据库的自动存储管理（automatic storage management，ASM）功能可将 Exadata Storage Server 提供的存储用于 Oracle 数据库。

2）存储网络。Database Machine 包含一个基于 InfiniBand 技术的存储网络。该网络可提供对 Exadata Storage Server 的高带宽低延迟访问。通过使用多台冗余的网络交换机以及网络接口接合，该网络体系结构中内置了容错功能。

3）Oracle RAC。Database Machine 中的数据库服务器设计为功能强大且平衡性良好的服务器，因而在服务器体系结构内不存在瓶颈。它们均配备有 Oracle RAC 所需的所有组件，这使得客户可以轻松地在单台 Database Machine 中部署 Oracle RAC。

4）RAC 互联网络。InfiniBand 的高带宽低延迟特征最适合群集互连的要求。因此，Database Machine 还默认配置为使用 InfiniBand 存储网络作为群集互连。

（4）图形数据库。图形数据库将地图与其他类型平面图中的图形描述为点、线、面等基本元素，并将这些图形元素按一定数据结构（通常为拓扑数据结构）建立起数据集合，包括两个层次：第一层次为拓扑编码数据集合，由描述点、线、面等图形元素间关系的数据文件组成，包括多边形文件、线段文件、结点文件等，文件间通过关联数据项相互联系；第二层次为坐标编码数据集合，由描述各图形元素空间位置的坐标文件组成。图形数据库是地理信息系统中对矢量结构地图数字化数据进行组织的主要形式。

（5）Key – Value 数据库。Key – Value 数据库的查询速度快、存放数据量大、支持高并发，非常适合通过主键进行查询，其思想主要来自散列表（hash table，也称哈希表），在哈希表中有一个特定的 key 和一个 value 指针，指针指向特定的数据。

5.2 风电场大数据的分布式文件系统 HDFS

5.2.1 HDFS 文件系统架构

HDFS 文件系统架构如图 5 - 6 所示。

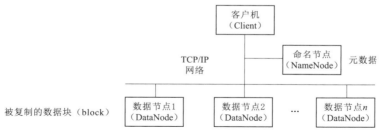

图 5 - 6 HDFS 文件系统架构

对外部客户机而言，HDFS 就是一个文件系统，它可以创建、删除、移动或重命名文件等。但是，HDFS 的内部架构是基于一组特定的节点构建的，这些节点包括 HDFS NameNode 和 DataNode，其比较见表 5 - 2。

表 5 - 2　　　　　　　　　　**HDFS NameNode 和 DataNode 的比较**

NameNode	DataNode
存储元数据	存储文件内容
元数据保存在内存中	文件内容保存在磁盘
保存文件、块、DataNode 之间的映射关系	维护了块 ID 到 DataNode 本地文件的映射关系

（1）NameNode（仅一个）。即命名节点（也是主节点），它在 HDFS 内部提供元数据服务，用于存储文件的元数据，如文件名、文件目录结构、文件属性（生成时

间、副本数、文件权限等），以及每个文件的块列表、块所在的 DataNode 等。Name -
Node 可以控制所有文件操作。由于仅存在一个 NameNode，因此这是 HDFS 的一个
缺点，它可能存在单点故障。这一缺点在新版本的 Hadoop 中有所改善。

（2）DataNode，即数据节点，它为 HDFS 提供存储块。存储在 HDFS 中的文件
被分成块，然后将这些块复制到多个计算机中（DataNode）。DataNode 在本地文件系
统中存储块数据及块数据的校验和。这与传统的 RAID 架构大不相同。块的大小（通
常为 64MB）和复制的块数量在创建文件时由客户机决定。

Hadoop 集群包含一个 NameNode 和大量 DataNode。HDFS 内部的所有通信都基
于标准的 TCP/IP 协议。

HDFS 部署在价格低廉的一般计算机硬件的集群上。Hadoop 框架可在单一的
Linux 平台上使用（开发和调试时），但是使用存放在机架上的商业服务器集群才能
发挥它的力量。这些机架组成一个 Hadoop 集群。它通过集群拓扑知识决定如何在整
个集群中分配作业和文件，如图 5-7 所示。

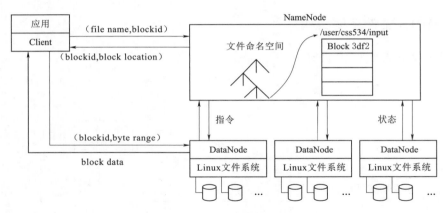

图 5-7 HDFS 的实现

5.2.2 HDFS 存储与读写原理

图 5-8 所示为 HDFS 的工作原理。

5.2.2.1 NameNode 的运行

NameNode 是在 HDFS 系统中一台单独的机器上运行的软件。它负责管理文件系
统名称空间和控制外部客户机的访问。NameNode 决定是否将文件映射到 DataNode
上的各个复制块上。一个文件写到 HDFS 系统中通常有 3 个复制的块，第一个复制块
是自身块，第 2 个复制块存储在同一机架的不同节点上，第 3 个复制块存储在不同机
架的某个数据节点上。

实际的输入/输出（I/O）事务并没有经过 NameNode，只有表示 DataNode 和块

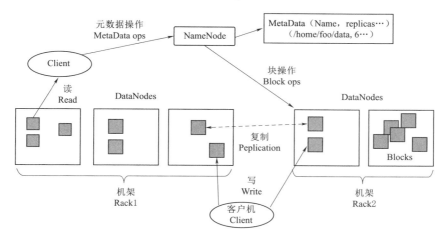

图 5-8　HDFS 的工作原理

的文件映射的元数据经过 NameNode。当外部客户机发送请求要求创建文件时，NameNode 会以块标识和该块的第一个副本的 DataNode 的 IP 地址作为响应。NameNode 还会通知其他将要接收该块的副本（复制块）的 DataNode。

NameNode 在一个称为 FsImage 的文件中存储所有关于文件系统名称空间的信息。这个文件和一个包含所有事务的记录文件（例如 EditLog）将存储在 NameNode 的本地文件系统上。FsImage 和 EditLog 文件也需要复制副本，以防文件损坏或 NameNode 系统丢失。

NameNode 本身不可避免地具有单点失效（single point of failure，SPOF）的风险，主备模式并不能解决这个问题，目前通过 Hadoop Non‐stop NameNode 能实现 100％正常运行的可用时间。

5.2.2.2　DataNode 的运行

DataNode 也是在 HDFS 系统中的一台单独机器上运行的软件。DataNode 通常以机架的形式来组织，机架通过一个交换机将所有系统连接起来。Hadoop 的一个假设是：机架内部节点之间的传输速度要快于机架间节点的传输速度。

DataNode 响应来自 HDFS 客户机的读写请求。它们还响应来自 NameNode 的创建、删除和复制块的命令。NameNode 依赖来自每个 DataNode 的定期心跳消息（心跳机制在一定时间内即使没有其他消息发送，也要给 NameNode 发送证明存活的心跳消息）。每条消息都包含一个块报告，NameNode 可以根据这个报告验证块映射和其他文件系统元数据。如果 DataNode 不能发送心跳消息，NameNode 将采取修复措施，重新复制该节点上丢失的块。

5.2.2.3　HDFS 的文件读写操作

HDFS 的主要作用是支持以流的形式访问写入的大型文件。如果客户机想将文件写到 HDFS 上，首先需要将该文件缓存到本地的临时存储。如果缓存的数据大于所需的 HDFS 块的大小，创建文件的请求将发送给 NameNode。NameNode 将以 Data - Node 标识和目标块响应客户机，同时也通知将要保存文件块副本的 DataNode。当客户机开始将临时文件发送给第一个 DataNode 时，将立即通过管道通信（Pipeline）方式将块内容转发给副本的 DataNode。客户机也负责创建保存在相同 HDFS 名称空间中的校验和文件。在最后的文件块发送之后，NameNode 将文件创建提交到它的持久化元数据存储（EditLog 和 FsImage 文件）中。HDFS 可以创建、删除、移动或重命名文件，当文件创建、写入和关闭之后不能修改文件内容。基本写文件操作如图 5 - 9 所示，HDFS 支持一次写，多次读。基本读文件操作如图 5 - 10 所示。

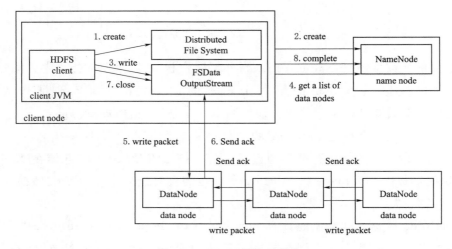

图 5 - 9　HDFS 写文件操作

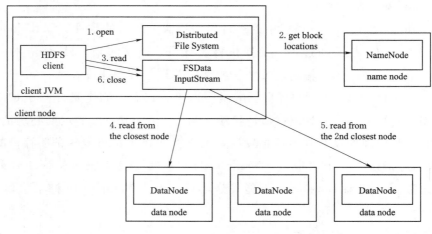

图 5 - 10　HDFS 读文件操作

5.2.3 基于风电场大数据的 HDFS 编程实践

5.2.3.1 HDFS 的常用命令

HDFS 的常用命令见表 5-3。

表 5-3   HDFS 的常用命令

命 令	解 释
hadoop fs - ls	显示当前目录结构，- ls - R 递归显示目录结构
hadoop fs - mkdir	创建目录
hadoop fs - rm	删除文件，- rm - R 递归删除目录和文件
hadoop fs - put [localsrc] [dst]	从本地加载文件到 HDFS
hadoop fs - get [dst] [localsrc]	从 HDFS 导出文件到本地
hadoop fs - copyFromLocal [localsrc] [dst]	从本地加载文件到 HDFS，与 put 一致
hadoop fs - copyToLocal [dst] [localsrc]	从 HDFS 导出文件到本地，与 get 一致
hadoop fs - test - e	检测目录和文件是否存在：存在则返回值为 0；不存在则返回 1
hadoop fs - text	查看文件内容
hadoop fs - du	统计目录下各文件大小，单位字节。- du - s 汇总目录下文件大小，- du - h 显示单位
hadoop fs - tail	显示文件末尾
hadoop fs - cp [src] [dst]	从源目录复制文件到目标目录
had oop fs - mv [src] [dst]	从源目录移动文件到目标目录

5.2.3.2 HDFS 编程实践

通过 Xftp 连接虚拟机 Master，首先将相应文件从本机传输到 Master 上/usr/目录下；然后将标准化后的风电场大数据文件（运行信息 RunningInfo、发电信息 PowerInfo 等）传输到 HDFS 上进行存储，代码如下：

```
hadoop fs - mkdir /wppdata

hadoop fs - put /usr/RunningInfo. csv /wppdata/data

hadoop fs - put /usr/PowerInfo. csv /wppdata/data

hadoop fs - put /usr/TemperatureInfo. csv /wppdata/data

hadoop fs - put /usr/VibrationStressInfo. csv /wppdata/data

hadoop fs - ls /wppdata/data
```

具体结果如图 5-11 和图 5-12 所示。

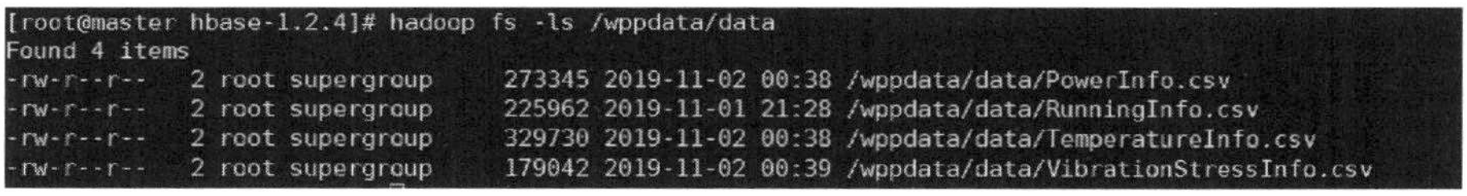

图 5-11 命令行下执行 HDFS 命令查看/wppdata/data 下文件

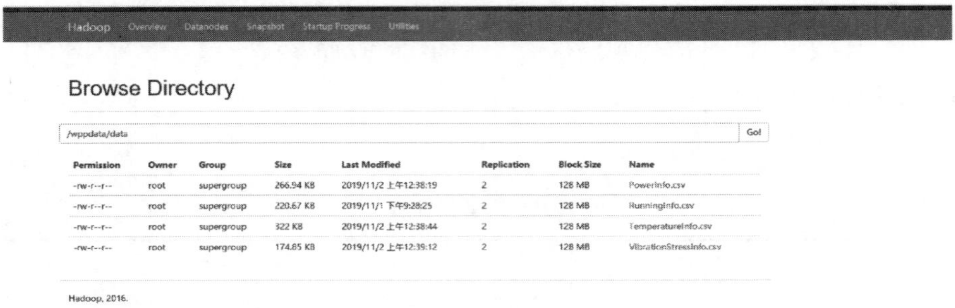

图 5 - 12　Web UI 下查看/wppdata/data 下文件

通过 HDFS 命令可以执行很多操作，比如删除文件（rm）、移动文件（mv）、将本地文件存放到 HDFS 上（put）、将 HDFS 上文件存放到本地（get）等，这里不再演示。

5.3　风电场大数据的分布式数据库 HBase

5.3.1　HBase 数据模型

5.3.1.1　HBase 数据模型概述

HBase 是一个稀疏、多维度、排序的映射表，这张表的索引是行键、列族、列限定符和时间戳。每个值是一个未经解释的字符串，没有数据类型。用户在表中存储数据，每一行都有一个可排序的行键和任意多的列。表在水平方向由一个或者多个列族组成，一个列族中可以包含任意多个列，同一个列族里面的数据存储在一起。列族支持动态扩展，可以很轻松地添加一个列族或列，无须预先定义列的数量以及类型，所有列均以字符串形式存储，用户需要自行进行数据类型转换。由于同一张表里面的每一行数据都可以有截然不同的列，因此对于整个映射表的每行数据而言，有些列的值就是空的，所以说 HBase 是稀疏的。

在 HBase 中执行更新操作时，并不会删除数据旧的版本，而是生成一个新的版本，旧的版本仍然保留，HBase 可以对允许保留的版本的数量进行设置。客户端可以选择获取距离某个时间最近的版本，或者一次获取所有版本。如果在查询时不提供时间戳，那么会返回距离现在最近的那一个版本的数据，因为在存储时，数据会按照时间戳排序。HBase 提供了两种数据版本回收方式：一是保存数据的最后 n 个版本；二是保存最近一段时间内的版本（如最近 7 天）。

5.3.1.2　HBase 数据模型相关概念

HBase 实际上就是一个稀疏、多维、持久化存储的映射表，它采用行键（Row

Key）、列族（Column Family）、列限定符（Column Qualifier）和时间戳（Timestamp）进行索引，每个值都是未经解释的字节数组 byte []。HBase 数据模型包括以下内容：

（1）表。HBase 采用表来组织数据，表由行和列组成，列划分为若干个列族。

（2）行。每个 HBase 表都由若干行组成，每个行由行键（Row Key）来标识。访问表中的行只有 3 种方式：①通过单个行键访问；②通过一个行键的区间来访问；③全表扫描。行键可以是任意字符串（最大长度是 64kB，实际应用中长度一般为 10～100B），在 HBase 内部，行键保存为字节数组。存储时，数据按照行键的字典序排序存储。在设计行键时，要充分考虑这个特性，将经常一起读取的行存储在一起。

（3）列族。一个 HBase 表被分组成许多列族的集合，它是基本的访问控制单元。列族需要在表创建时就定义好，数量不能太多（HBase 的一些缺陷使得列族数量只限于几十个），而且不要频繁修改。存储在一个列族当中的所有数据通常都属于同一种数据类型，这通常意味着具有更高的压缩率。表中的每个列都归属于某个列族，数据可以被存放到列族的某个列下面，但是在把数据存放到这个列族的某个列下面之前，必须首先创建这个列族。在创建完成一个列族以后，就可以使用同一个列族当中的列。列名都以列族作为前缀。例如，courses：english 和 courses：math 这两个列都属于 courses 这个列族。在 HBase 中，访问控制、磁盘和内存的使用统计都是在列族层面进行的。实际应用中，可以借助列族上的控制权限帮助实现特定的目的。例如，可以允许一些应用能够向表中添加新的数据，而另一些应用则只允许浏览数据。HBase 列族还可以被配置成支持不同类型的访问模式。例如，一个列族也可以被设置成放入内存当中，以消耗内存为代价，从而换取更好的响应性能。

（4）列限定符。列族里的数据通过列限定符（或列）来定位。列限定符不用事先定义，也不需要在不同行之间保持一致。列限定符没有数据类型，总被视为字节数组 byte []。

（5）单元格。在 HBase 表中，通过行、列族和列限定符确定一个单元格（Cell）。单元格中存储的数据没有数据类型，总被视为字节数组 byte []。每个单元格中可以保存一个数据的多个版本，每个版本对应一个不同的时间戳。

（6）时间戳。每个单元格都保存着同一份数据的多个版本，这些版本采用时间戳进行索引。每次对一个单元格执行操作（新建、修改、删除）时，HBase 都会隐式地自动生成并存储一个时间戳。时间戳一般是 64 位整型，可以由用户自己赋值（自己生成唯一时间戳可以避免应用程序中出现数据版本冲突），也可以由 HBase 在数据写入时自动赋值。一个单元格的不同版本是根据时间戳降序的顺序进行存储的，这样，最新的版本可以被最先读取。

5.3.1.3 数据坐标

HBase 使用坐标来定位表中的数据，也就是说，每个值都是通过坐标来访问的。对于熟悉的关系数据库而言，数据定位可以理解为采用"二维坐标"，即根据行和列就可以确定表中一个具体的值。但是，HBase 中需要根据行键、列族、列限定符和时间戳来确定一个单元格，因此可以视为一个"四维坐标"，即〔行键，列族，列限定符，时间戳〕。

如果把所有坐标看成一个整体，视为"键"，把四维坐标对应的单元格中的数据视为"值"，那么，HBase 也可以看成一个键值数据库（key - value database）。

5.3.1.4 概念视图与物理视图

在 HBase 的概念视图中，一个表可以视为一个稀疏、多维的映射关系。表 5 - 4 就是 HBase 存储数据的一个概念视图实例，其通过行键、行键加时间戳或行键加列（列族：列修饰符），就可以定位特定数据，由于 HBase 是稀疏存储数据的，因此某些列可以是空白的。

表 5 - 4　　　　　　　　　　　　　概 念 视 图 实 例

行键	时间戳	列族：c1		列族：c2	
		列	值	列	值
r1	t7	c1：1	value1 - 1/1		
	t6	c1：2	value1 - 1/2		
	t5	c1：3	value1 - 1/3		
	t4			c2：1	value1 - 2/1
	t3			c2：2	value1 - 2/2
r2	t2	c1：1	value2 - 1/1		
	t1			c2：1	value2 - 1/1

从表 5 - 3 可以看出，test 表有 r1 和 r2 两行数据，以及 c1 和 c2 两个列族。在 r1 中，列族 c1 有三条数据，列族 c2 有两条数据；在 r2 中，列族 c1 有一条数据，列族 c2 有一条数据，每一条数据对应的时间戳都用数字来表示，编号越大表示数据越旧，反之则表示数据越新。

虽然从概念视图来看每个表格是由很多行组成的，但是在物理存储时是按照列来保存的，见表 5 - 5 和表 5 - 6。

表 5 - 5　　　　　　　　　　r1 行中 c1 列族数据的物理视图

行键	时间戳	列族：c1	
		列	值
r1	t7	c1：1	value1 - 1/1
	t6	c1：2	value1 - 1/2
	t5	c1：3	value1 - 1/3

表 5 − 6		r1 行中 c2 列族数据的物理视图	
行键	时间戳	列族：c2	
		列	值
r1	t4	c2：1	value1 − 2/1
	t3	c2：2	value1 − 2/2

需要注意的是，在概念视图中有些列是空白的，这样的列实际上并不会被存储，当请求这些空白的单元格时，会返回 null 值。如果在查询时不提供时间戳，那么会返回距离现在最近的那一个版本的数据，因为在存储时数据会按照时间戳来排序。

5.3.2　HBase 系统架构与工作原理

5.3.2.1　HBase 系统架构

HBase 的系统架构主要包含客户端、ZooKeeper 服务器、Master 主服务器、Region 服务器，具体如图 5 − 13 所示，由于 HBase 一般采用 HDFS 作为底层数据存储，因此图 5 − 13 中加了 HDFS 和 Hadoop。

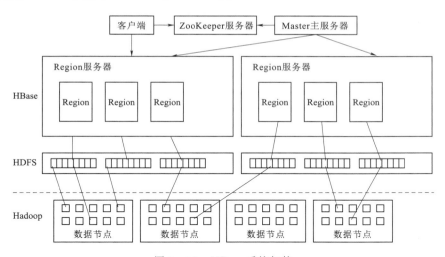

图 5 − 13　HBase 系统架构

1. 客户端

客户端包含访问 HBase 的接口，同时在缓存中维护着已经访问过的 Region 位置信息，用来加快后续数据访问过程。HBase 客户端使用 HBase 的 RPC 机制与 Master 和 Region 服务器进行通信。其中，对于管理类操作，客户端与 Master 主服务器进行 RPC；而对于数据读写类操作，客户端则会与 Region 服务器进行 RPC。

2. ZooKeeper 服务器

ZooKeeper 服务器并非一台单一的机器，可能是由多台机器构成的集群来提供稳定可靠的协同服务。ZooKeeper 服务器能够很容易地实现集群管理的功能，如果有多台服务器组成一个服务器集群，那么必须有一个"总管"知道当前集群中每台机器的服务状态，一旦某台机器不能提供服务，集群中其他机器必须知道，从而做出调整重新分配服务策略。同样，当增加集群的服务能力时，就会增加一台或多台服务器，也必须让"总管"知道。

在 HBase 服务器集群中，包含了一个 Master 主服务器和多个 Region 服务器，Master 主服务器就是这个 HBase 集群的"总管"，它必须知道 Region 服务器的状态。ZooKeeper 服务器就可以轻松做到这一点，每个 Region 服务器都需要到 ZooKeeper 服务器中进行注册，ZooKeeper 服务器会实时监控每个 Region 服务器的状态并通知给 Master 主服务器，这样，Master 主服务器就可以通过 ZooKeeper 服务器随时感知到各个 Region 服务器的工作状态。

ZooKeeper 服务器不仅能够帮助维护当前集群中机器的服务状态，而且能够帮助选出一个"总管"，让这个"总管"来管理集群。HBase 中可以启动多个 Master 主服务器，但是 ZooKeeper 服务器可以帮助选举出一个 Master 主服务器作为集群的"总管"，并保证在任何时刻总有唯一一个 Master 主服务器在运行，这就避免了 Master 主服务器的"单点失效"问题。

ZooKeeper 服务器中保存了-ROOT -表的地址和 Master 主服务器的地址，客户端可以通过访问 ZooKeeper 服务器获得-ROOT -表的地址，并最终通过"三级寻址"找到所需的数据。ZooKeeper 服务器中还存储了 HBase 的模式，包括有哪些表，每个表有哪些列族。

3. Master 主服务器

Master 主服务器主要负责表和 Region 的管理工作。

（1）管理用户对表的增加、删除、修改、查询等操作。

（2）实现不同 Region 服务器之间的负载均衡。

（3）在 Region 分裂或合并后，负责重新调整 Region 的分布。

（4）对发生故障失效的 Region 服务器上的 Region 进行迁移。

客户端访问 HBase 上数据的过程并不需要 Master 主服务器的参与，客户端可以访问 ZooKeeper 服务器获取-ROOT -表的地址，并最终到达相应的 Region 服务器进行数据读写，Master 主服务器仅仅维护着表和 Region 的元数据信息，因此负载很低。

任何时刻，一个 Region 只能分配给一个 Region 服务器。Master 主服务器维护了当前可用的 Region 服务器列表，以及当前哪些 Region 分配给了哪些 Region 服务器，哪些 Region 还未被分配。当存在未被分配的 Region，并且有一个 Region 服务器上有可用空间时，Master 主服务器就给这个 Region 服务器发送一个请求，把该 Region 分配给它。Region 服务器接受请求并完成数据加载后，就开始负责管理该 Region 对象，并对外提供服务。

4. Region 服务器

Region 服务器是 HBase 中最核心的模块，负责维护分配给自己的 Region，并响应用户的读写请求。HBase 一般采用 HDFS 作为底层存储文件系统，因此 Region 服务器需要向 HDFS 文件系统中读写数据。采用 HDFS 作为底层存储，可以为 HBase 提供可靠稳定的数据存储，HBase 自身并不具备数据复制和维护数据副本的功能，而 HDFS 可以为 HBase 提供这些支持。当然，HBase 也可以不采用 HDFS，而是使用其他任何支持 Hadoop 接口的文件系统作为底层存储，比如本地文件系统或云计算环境中的 Amazon S3（Simple Storage Service）。

5.3.2.2　HBase 工作原理

1. HBase 的功能组件

HBase 的实现包括 3 个主要的功能组件：①库函数，链接到每个客户端；②一个 Master 主服务器；③许多个 Region 服务器。Region 服务器负责存储和维护分配给自己的 Region，处理来自客户端的读写请求。主服务器 Master 负责管理和维护 HBase 表的分区信息，比如，一个表被分成了哪些 Region，每个 Region 被存放在哪台 Region 服务器上，同时也负责维护 Region 服务器列表。因此，如果 Master 主服务器死机，那么整个系统都会无效。Master 主服务器会实时监测集群中的 Region 服务器，把特定的 Region 分配到可用的 Region 服务器上，并确保整个集群内部不同 Region 服务器之间的负载均衡，当某个 Region 服务器因出现故障而失效时，Master 主服务器会把该故障服务器上存储的 Region 重新分配给其他可用的 Region 服务器。除此以外，Master 主服务器还可以处理模式变化，如表和列族的创建。

客户端并不是直接从 Master 主服务器上读取数据，而是在获得 Region 的存储位置信息后，直接从 Region 服务器上读取数据。尤其需要指出的是，HBase 客户端并不依赖于 Master 主服务器而是借助于 ZooKeeper 来获得 Region 的位置信息，因此大多数客户端从来不和 Master 主服务器通信，这种设计方式使 Master 主服务器的负载很小。

2. 表和 Region

在一个 HBase 中存储了许多表。对于每个 HBase 表而言，表中的行是根据行键的值的字典序进行维护的，表中包含的行数可能非常庞大，无法存储在一台机器上，需要分布存储到多台机器上。因此，需要根据行键的值对表中的行进行分区，每个行区间构成一个分区，被称为 Region，包含了位于某个值域区间内的所有数据，它是负载均衡和数据分发的基本单位，这些 Region 会被分发到不同的 Region 服务器上。

初始时，每个表只包含一个 Region，随着数据的不断插入，Region 会持续增大，当一个 Region 中包含的行数量达到一个阈值时，就会被自动等分成两个新的 Region。

随着表中行的数量继续增加，就会分裂出越来越多的 Region。

每个 Region 的默认大小是 100～200MB，Master 主服务器会把不同的 Region 分配到不同的 Region 服务器上，但是同一个 Region 是不会被拆分到多个 Region 服务器上的。每个 Region 服务器负责管理一个 Region 集合，通常在每个 Region 服务器上会放置 10～1000 个 Region。

3. Region 的定位

一个 HBase 的表可能非常庞大，会被分裂成很多个 Region，这些 Region 被分发到不同的 Region 服务器上。因此，必须设计相应的 Region 定位机制，保证客户端知道到哪里可以找到自己所需要的数据。

每个 Region 都有一个 RegionID 来标识它的唯一性，这样，一个 Region 标识符就可以表示成"表名＋开始主键＋RegionID"。

有了 Region 标识符，就可以唯一标识每个 Region。为了定位每个 Region 所在的位置，就可以构建一张映射表，映射表的每个条目（或每行）包含 Region 标识符和 Region 服务器标识两项内容。这个条目就表示 Region 和 Region 服务器之间的对应关系，从而就可以知道某个 Region 被保存在哪个 Region 服务器中。这个映射表包含了关于 Region 的元数据（即 Region 和 Region 服务器之间的对应关系），因此也被称为元数据表，又名 .META. 表。

当一个 HBase 表中的 Region 数量非常庞大时，.META. 表的条目就会非常多，一个服务器保存不下，也需要分区存储到不同的服务器上，因此 .META. 表也会被分裂成多个 Region，这时，为了定位这些 Region，就需要再构建一个新的映射表，记录所有元数据的具体位置，这个新的映射表就是根数据表，又名－ROOT－表。－ROOT－表是不能被分割的，永远只存在一个 Region 用于存放－ROOT－表，因此这个用来存放－ROOT－表的唯一一个 Region，它的名字是在程序中被写死的，Master 主服务器永远知道它的位置。

综上所述，HBase 使用类似 B＋树的三层结构来保存 Region 位置信息（图 5－14），表 5－7 给出了 HBase 三层结构中每个层次的名称和作用。

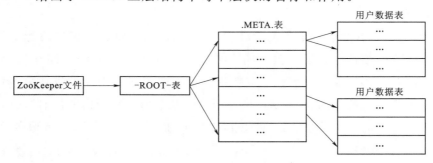

图 5－14　HBase 的三层结构

表 5 - 7 　　　　　　　　　HBase 的三层结构中每个层次的名称和作用

层次	名称	作　用
第一层	ZooKeeper 文件	记录了 - ROOT - 表的位置信息
第二层	- ROOT - 表	记录了 .META. 表的 Region 位置信息，- ROOT - 表只能有一个 Region。通过 - ROOT - 表就可以访问 .MRTA. 表中的数据
第三层	.META. 表	记录了用户数据表达式 Region 位置信息，.META. 表可以有多个 Region，保存了 HBase 中所有用户数据表的 Region 位置信息

为了加快访问速度，.META. 表的全部 Region 都会被保存在内存中。假设 .META. 表的每行（一个映射条目）在内存中大约占用 1kB，并且每个 Region 限制为 128MB，那么，上面的三层结构可以保存的用户数据表的 Region 数目的计算方法为

（- ROOT - 表能够寻址的 .META. 表的 Region 个数）× （每个 .META. 表的 Region 可以寻址的用户数据表的 Region 个数）

一个 - ROOT - 表最多只能有一个 Region，也就是最多只能有 128MB，按照每行（一个映射条目）占用 1kB 内存计算，128MB 空间可以容纳 128MB/1kB = 217 行，也就是说，一个 - ROOT - 表可以寻址 217 个 .META. 表的 Region。同理，每个 .META. 表的 Region 可以寻址的用户数据表的 Region 个数是 128MB/1kB = 217。最终，三层结构可以保存的 Region 数目是 （128MB/1kB）×（128MB/1kB）＝234 个 Region。可以看出，这种数量已经足够可以满足实际应用中的用户数据存储需求。

客户端访问用户数据之前，需要首先访问 ZooKeeper，获取 - ROOT - 表的位置信息，然后访问 - ROOT - 表，获得 .META. 表的信息，接着访问 .META. 表，找到所需的 Region 具体位于哪个 Region 服务器，最后才会到该 Region 服务器读取数据。该过程需要多次网络操作，为了加速寻址过程，一般会在客户端做缓存，把查询过的位置信息缓存起来，这样以后访问相同的数据时，就可以直接从客户端缓存中获取 Region 的位置信息，而不需要每次都经历一个 "三级寻址" 过程。需要注意的是，随着 HBase 中表的不断更新，Region 的位置信息可能会发生变化，但是客户端缓存并不会自己检测 Region 位置信息是否失效，而是在需要访问数据时，从缓存中获取 Region 位置信息却发现不存在时，才会判断出缓存失效，这时，就需要再次经历上述的 "三级寻址" 过程，重新获取最新的 Region 位置信息去访问数据，并用最新的 Region 位置信息替换缓存中失效的信息。

当一个客户端从 ZooKeeper 服务器上拿到 - ROOT - 表的地址以后，就可以通过 "三级寻址" 找到用户数据表所在的 Region 服务器，并直接访问该 Region 服务器获得数据，没有必要再连接主服务器 Master。因此，主服务器的负载相对就小了很多。

5.3.3　基于风电场大数据的 HBase 编程实践

5.3.3.1　HBase 的安装与部署

使用表 5-8 中的软件版本进行配置（具体配置过程见附录 2）。

表 5-8　　　　　　　　　　　软 件 版 本 列 表

软　件	版　本
操作系统	CentOS Linux release 7.3.1611（Core）
虚拟机	VMware Workstation15.1.0
HBase	HBase-1.2.4-bin.tar.gz

配置完成后，访问 master 的 HBase Web 界面，http：//192.168.157.128：16010/master-status，如图 5-15 所示。

图 5-15　Web UI 访问 HBase

5.3.3.2　HBase 常用命令

HBase 通过在 HBase 根目录下执行 HBase shell 命令进入命令行，常用命令见表 5-9。

表 5-9　　　　　　　　　　HBase 常 用 命 令

命　　令	解　释
Status	查看服务器状态
version	查询 HBase 版本

命　　令	解　　释
help help 'command _ name '	获得全部命令列表 获得一个命令的信息
list	查看已存在的表
Create 'table _ name ', 'column _ name1 ', 'column _ name2 ', …	创建表
Put 'table _ name ', 'row _ name ', 'column _ name：', 'values '	添加记录
Get 'table _ name ', 'row _ name '	查看记录
Describe 'table _ name '	查看表的描述信息
Alter 'table _ name ', 'column _ name '	添加一个列族
Count 'table _ name '	查看表中记录总数
delete 'table _ name ', 'row _ name ', 'column _ name '	删除记录
Disable 'table _ name ' Drop 'table _ name '	删除表
Scan 'table _ name '	查看所有记录
Scan 'table _ name ', ［'column _ name：'］	查看表中某列中所有数据

5.3.3.3　HBase 编程实践

在启用 HBase shell 之前，需要将三台机器的 ZooKeeper 服务全部启动，进入 Zo-oKeeper 目录下，执行 bin/zkServer. sh start。之后再启动三台机器的 HBase 服务，进入 HBase 目录下，执行 bin/start – HBase. sh。执行完以上命令后，打开 http：// 192. 168. 157. 128：16010/master – status，可以看到 HBase 是否正常启动。之后执行 HBase shell，命令行返回如图 5 – 16 所示。

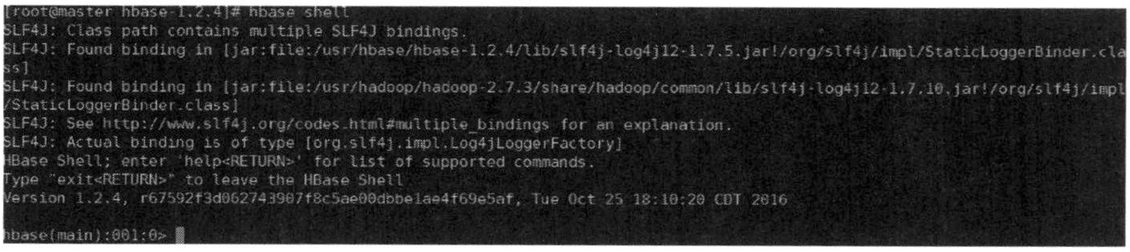

图 5 – 16　HBase shell 命令行返回

创建表"wppdata"，添加风电场实测数据（这里仅插入了一行的数据）：

```
create 'wppdata ','BasicInfo ','RunningInfo ','PowerInfo '

put 'wppdata ','r1 ','BasicInfo：FanName ','L1 – W04 '

put 'wppdata ','r1 ','BasicInfo：Time ','2018/1/1 0：00 '
```

```
put 'wppdata ','r1 ','BasicInfo：LinkStatus ','连接中'
put 'wppdata ','r1 ','BasicInfo：RunningStatus ','100 '
put 'wppdata ','r1 ','RunningInfo：Angle1 ','0. 01 '
put 'wppdata ','r1 ','RunningInfo：Angle2 ','0 '
put 'wppdata ','r1 ','RunningInfo：Angle3 ','0 '
put 'wppdata ','r1 ','RunningInfo：LowRPM ','13. 69 '
put 'wppdata ','r1 ','RunningInfo：HighRPM ','1283. 57 '
put 'wppdatav ','r1 ','RunningInfo：Torque ','2301. 53 '
put 'wppdata ','r1 ','RunningInfo：WindSpeed ','6. 04 '
put 'wppdata ','r1 ','RunningInfo：WindDiret ','5 '
put 'wppdata ','r1 ','RunningInfo：Diret ','241 '
put 'wppdata ','r1 ','PowerInfo：KW ','300. 96 '
put 'wppdata ','r1 ','PowerInfo：KVAR ','- 8. 64 '
put 'wppdata ','r1 ','PowerInfo：KVfactor ','1 '
put 'wppdata ','r1 ','PowerInfo：ABV ','665. 64 '
put 'wppdata ','r1 ','PowerInfo：BCV ','664. 88 '
put 'wppdata ','r1 ','PowerInfo：CAV ','664. 44 '
put 'wppdata ','r1 ','PowerInfo：AA ','260. 8 '
put 'wppdata ','r1 ','PowerInfo：BA ','270. 6 '
put 'wppdata ','r1 ','PowerInfo：CA ','255. 4 '
put 'wppdata ','r1 ','PowerInfo：HZ ','50 '
put 'wppdata ','r1 ','PowerInfo：KWH ','5305974 '
```

查询表中有多少行：

```
count 'wppdata '
```

获取表中第一行的所有数据：

```
get 'wppdata ','r1 '
```

获取表中第一行中"BasicInfo"列族的数据：

```
get 'wppdata ','r1 ', 'BasicInfo '
```

指定扫描表中的某个列：

```
scan 'wppdata ',{COLUMN=＞'BasicInfo：Time '}
```

查询整表数据，如图 5 - 17 所示：

```
scan 'wppdata '
```

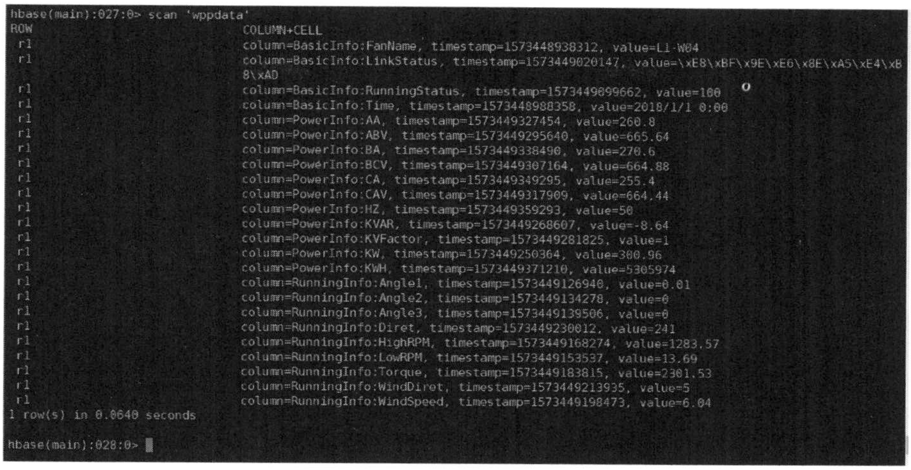

图 5-17　查询整表数据

5.4　风电场大数据仓库 Hive

5.4.1　Hive 概述

Hive 是基于 Hadoop 的一个数据仓库工具,可以将结构化的数据文件映射为一张数据库表,并提供简单的 SQL 查询功能,可以将 SQL 语句转换为 MapReduce 任务运行。Hive 帮助熟悉 SQL 的人运行 MapReduce 任务。因为它是 JDBC 兼容的,同时,它也能够和现存的 SQL 工具整合在一起。运行 Hive 查询会花费很长时间,因为它会默认遍历表中所有的数据。虽然有这样的缺点,但一次遍历的数据量可以通过 Hive 的分区机制来控制。分区允许在数据集上运行过滤查询,这些数据集存储在不同的文件夹内,查询时只遍历指定文件夹(分区)中的数据。例如,只处理在某一个时间范围内的文件,只要这些文件名中包括时间格式。虽然 Hive 也需要安装 MySQL 数据库,但其是纯逻辑表,也就是表的元数据,只是对查询的结果数据进行临时存储。使用 SQL 实现 Hive 是因为 SQL 大家都熟悉,转换成本低,类似作用的 Pig 就不是 SQL。

Hive 目前不支持更新操作。另外,由于 Hive 在 Hadoop 上运行批量操作需要花费很长的时间,通常几分钟到几个小时才可以获取到查询的结果,Hive 必须提供预先定义好的 schema 将文件和目录映射到列,并且 Hive 与 ACID 不兼容。

Hive 与 HBase 的区别与联系如下:

(1) Hive 适合用来对一段时间内的数据进行分析查询,例如,用来计算趋势或者网站的日志。Hive 不应该用来进行实时的查询,因为它需要很长时间才可以返回结果。Hive 本身不存储和计算数据，它完全依赖于 HDFS 和 MapReduce。

（2）HBase 非常适合用来进行大数据的实时查询。Facebook 用 HBase 进行实时消息的分析。它也可以用来统计 Facebook 的连接数。它支持四种主要的操作：①增加或者更新行；②查看一个范围内的 cell；③获取指定的行；④删除指定的行、列或者列的版本。版本信息用来获取历史数据（每一行的历史数据可以被删除，然后通过 HBase compactions 就可以释放出空间）。虽然 HBase 包括表格，但是 schema 仅仅被表格和列簇所要求，列不需要 schema。HBase 的表格包括增加/计数功能。

（3）Hive 和 HBase 是两种基于 Hadoop 的不同技术。Hive 是一种类 SQL 的引擎，并且运行 MapReduce 任务；HBase 是一种在 Hadoop 之上的 NoSQL 的 Key/value 数据库。当然，这两种工具是可以同时使用的。就像用 Google 来搜索，用 FaceBook 进行社交一样，Hive 可以用来进行统计查询，HBase 可以用来进行实时查询，数据也可以从 Hive 写到 HBase，设置再从 HBase 写回 Hive。

5.4.2 Hive 原理

5.4.2.1 Hive 的架构

Hive 的基础架构如图 5-18 所示。

从图 5-18 中可以看到 Hive 主要包含三大块，分别是用户接口〔CLI（Console UI），JDBC/ODBC，Web UI〕、元数据存储（Metastore）、驱动器（解释器、编译器、优化器、执行器）。

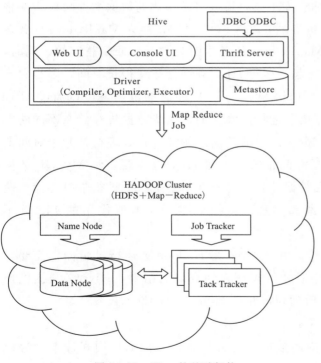

图 5-18 Hive 的基础架构

用户接口主要有 CLI，Client 和 Web UI，其中最常用的是 CLI。CLI 启动时，会同时启动一个 Hive 副本。Client 是 Hive 的客户端，用户连接至 Hive Server。在启动 Client 模式时，需要指出 Hive Server 所在节点，并且在该节点启动 Hive Server。Web UI 是通过浏览器访问 Hive。

Hive 将元数据存储在数据库中，如 MySQL、derby。Hive 中的元数据包括表的名字、表的列和分区及其属性、表的属性（是否为外部表等）、表的数据所在目录等。

解释器、编译器、优化器完成 HQL 查询语句从词法分析、语法分析、编译、优化以及查询计划的生成。生成的查询计划存储在 HDFS 中，并在随后有 MapReduce 调用执行。

Hive 的数据存储在 HDFS 中，大部分的查询、计算由 MapReduce 完成（包含 * 的查询，比如 select * from tbl 不会生成 MapRedcue 任务）。对于数据存储，Hive 没有专门的数据存储格式，也没有为数据建立索引，用户可以非常自由地组织 Hive 中的表，只需要在创建表时告诉 Hive 数据中的列分隔符和行分隔符，Hive 就可以解析数据。Hive 中的存储结构主要包括数据库、文件、表和视图。Hive 默认可以直接加载文本文件，还支持 sequence file 、RCFile。Hive 将元数据存储在 RDBMS 中，有以下模式可以连接到数据库：

（1）元数据库内嵌模式。此模式连接到一个 In－memory 的数据库 Derby，一般用于 Unit Test。

（2）元数据库 mySQL 模式。通过网络连接到一个数据库中，是最常使用到的模式。

（3）MetaStoreServe 访问元数据库模式。用于非 Java 客户端访问元数据库，在服务器端启动 MetaStoreServer，客户端利用 Thrift 协议通过 MetaStoreServer 访问元数据库。

5.4.2.2　Hive 的执行过程

Hive 的执行过程如图 5－19 所示。

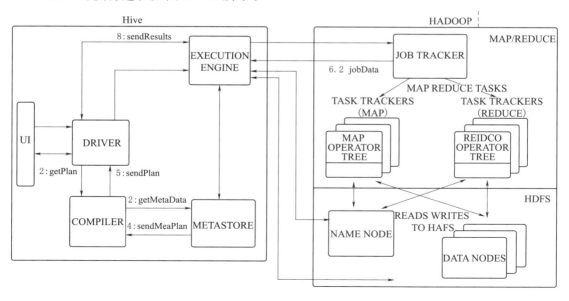

图 5－19　Hive 的执行过程

由图 5-19 可知，Hive 的执行流程大致如下：

（1）用户提交查询等任务给 Driver。

（2）Driver 为查询操作创建一个 session handler，接着 Driver 会发送查询操作到 Compiler 去生成一个 execute plan。

（3）Compiler 根据用户任务去 MetaStore 中获取需要的 Hive 的元数据信息。这些元数据在后续 stage 中用作抽象语法树的类型检测和修剪。

（4）Compiler 得到元数据信息，对 task 进行编译，先将 HiveQL 转换为抽象语法树，然后将抽象语法树转换成查询块，将查询块转化为逻辑的查询 plan，重写逻辑查询 plan，将逻辑 plan 转化为物理的 plan（MapReduce），最后选择最佳策略。

（5）将最终的 plan 提交给 Driver。

（6）Driver 将 plan 转交给 ExecutionEngine 去执行，将获取到的元数据信息提交到 JobTracker 或者 ResourceManager 执行该 task，任务会直接读取到 HDFS 中进行相应的操作。

（7）获取执行的结果。

（8）取得并返回执行结果。

5.4.2.3　Hive 的数据模型

Hive 中主要包括内部表（Table）、外部表（External Table）、分区表（Partition Table）以及桶表（Bucket Table）4 种数据模型。

（1）内部表。内部表（Table）与数据库的 Table 在概念上类似，每一个 Table 在 Hive 中都有一个相应的目录（HDFS 上的目录）存储数据，所有的 Table 数据（不包括 External Table）都保存在这个目录（HDFS 目录）中。表的元数据信息存储在元数据数据库中（mySQL），删除表后，元数据和数据都会被删除。

（2）外部表。外部表（External Table）指向已经在 HDFS 中存在的数据，可以创建 Partition，它和内部表在元数据的组织上是相同的，而实际存储则有极大的差异；外部表只有一个过程，加载数据和创建表同时完成，并不会移动到数据仓库目录中，只会与外部数据创建一个链接，当删除该表时，仅删除该链接而不删除实际的数据。

（3）分区表。分区表（Partition Table）可以提高查询的效率，其对应于数据库 Partiton 列的密集索引。在 Hive 中，表中的一个 Partition 对应于表下的一个目录，所有的 Partition 数据都存储在对应的目录中。

（4）桶表。桶表（Bucket Table）是对数据进行哈希取值，然后放到不同文件存储。也就是说，桶表中的数据是通过哈希运算后将其打散，再存入文件中，这样做会避免造成热块，从而提高查询速度。

Hive 支持的数据类型见表 5-10。

表 5 - 10		Hive 支持的数据类型

类型	描 述	示 例
TINYINT	一字节整数，－128～127	12
SMALLINT	二字节整数，－32768～32767	255
INT	4 字节整数，－2147483648～2147483647	25000
BIGINT	8 字节整数，－9223372036854775808～9223372036854775807	－250000000000
FLOAT	4 字节单精度小数	3.1415
DOUBLE	8 字节双精度小数	3.1415926
DECIMAL	任意精度数字	10
TIMESTAMP	时间戳，格式为 yyyy - mm - dd hh：mm：ss	2015 - 07 - 17 12：20：22
DATE	日期、格式为 yyyy - mm - dd	2015 - 07 - 17
STRING	字符串	"abcd"
VARCHAR	字符串，字符串长度只能是 1～65355	"abcd"
CHAR	字符串，字符串长度只能是 1～255	"abcd"
BOOLEAN	布尔值，TRUE 或者 PALSE	TRUE
BINARY	二进制，0 或 1	1

除了以上数据类型外，还包括数组（arrays）、键值对（maps）、结构体（structs）、联合体（union）等集合数据类型。

Hive 没有专门的数据存储格式，也没有为数据建立索引，在组织表时，用户需要在创建表时告诉 Hive 中的列分隔符和行分隔符让 Hive 解析数据。

5.4.3 基于风电场大数据的 Hive 数据仓库构建

5.4.3.1 Hive 数据仓库的安装与部署

在前边已经安装和部署了 Hadoop，在此基础上部署 Hive 数据仓库（Master 作为 Client 客户端，Slave1 作为 Hive Server 服务器端，Slave2 安装 mySQL Server）。使用表 5 - 11 中的软件版本进行配置（具体配置过程见附录 3）。

表 5 - 11	软 件 版 本 列 表

软 件	版 本
操作系统	CentOS Linux release 7.3.1611 (Core)
虚拟机	VMware Workstation15.1.0
Hive	apache - hive - 2.1.1 - bin. tar
MySQL	mysql - community - server
MySQL 服务器连接依赖包	mysql - connector - java - 5.1.5 - bin. jar

配置完成后启动 Hive。首先，在 Slave1 上启动 Hive Server，命令如下：

cd /usr/hive/apache－hive－2.1.1－bin/

bin/hive －－service metastore

Hive 的启动（Master）如图 5－20 所示。

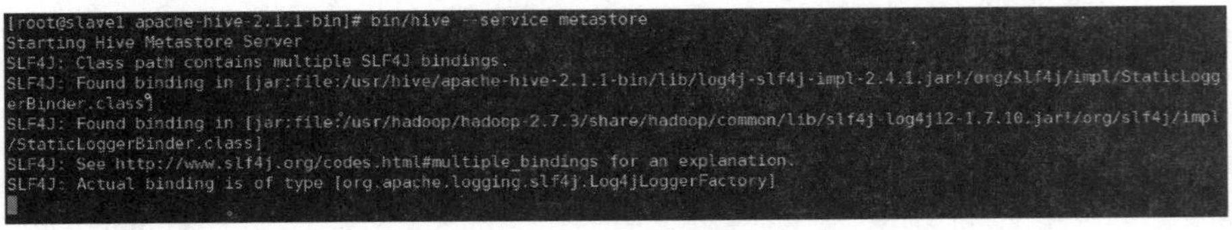

图 5－20　Hive 的启动（Master）

然后在 Master 上启动 Hive Client，命令如下：

cd /usr/hive/apache－hive－2.1.1－bin/

bin/hive

启动成功后，在返回的 Hive＞下，可以输入命令"show databases;"，验证是否已成功启 Hive。客户端成功启动 Hive 返回 Hive 命令行如图 5－21 所示。

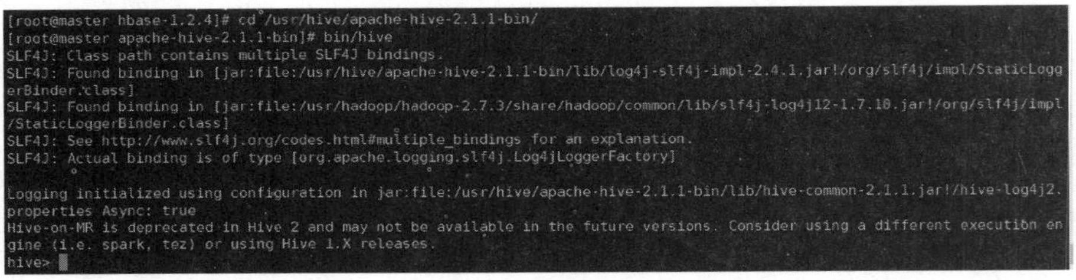

图 5－21　客户端成功启动 Hive 返回 Hive 命令行

5.4.3.2　风电场大数据数据仓库的构建

Hive 的基本命令类似于数据库查询语言 SQL，很多命令操作格式同 SQL 语言格式一样，常用命令见表 5－12。

表 5－12　　　　　　　　　　　　Hive 常 用 命 令

命　　　令	解　　释
create table table＿name（columns＿name columns＿type，…）;	创建表
create database database＿name;	创建数据库
show databases;	查看数据库
show tables;	查看表
use database＿name;	切换数据库
drop database if exists database＿name;	删除数据库
drop table if exists table＿name;	删除表

续表

命 令	解 释
desc table _ name;	查看表信息
Describe formatted table _ name;	查看表拓展描述信息
select * from table _ name;	查看表数据
Load data local inpath 'path' overwrite into table table _ name	从本地文件导入数据到表中

还有很多操作这里不再赘述，搭建风电场大数据仓库的步骤如下：

（1）启动 Hive（Slave1 服务端）。

（2）进入 Hive 命令行（Master 客户端）。

（3）创建数据库 WppData，命令如下：

create database WppData;

（4）使用数据库 WppData，命令如下：

use database WppData;

（5）创建表 RunningInfo、PowerInfo、TemperatureInfo、VibrationStressInfo，命令如下：

create table RunningInfo（angle1 double，angle2 double，angle3 double，lowRPM double，highRPM double，torque double，windspeed double，winddirection double，direction）

row format delimited fields terminated by ','; ♯表中数据","分割

create table PowerInfo(KW double，KVAR double，KVfactor double，ABV double，BCV double，CAV double，AA double，BA double，CA double，HZ double，KWH double)

row format delimited fields terminated by ',';

create table TemperatureInfo（outside double，inside double，control double，converter double，oil double，gearbox double，bearing1 double，bearing2 double，lowbearing double，electricbearing1 double，electricbearing2 double，resistance double，Wheel double）

row format delimited fields terminated by ',';

create table VibrationStressInfo(x1 double，y1 double，x2 double，y2 double，pressure1 double，pressure2 double，pressure3 double)

row format delimited fields terminated by ',';

（6）加载本地数据文件存入到以上表中，命令如下：

load data local inpath '/usr/RunningInfo. csv' overwrite into table RunningInfo;

load data local inpath '/usr/PowerInfo. csv' overwrite into table PowerInfo;

load data local inpath '/usr/TemperatureInfo. csv' overwrite into table TemperatureInfo;

load data local inpath '/usr/VibrationStressInfo. csv' overwrite into table VibrationStressInfo;

通过以上步骤，已经将风电场运行信息、发电信息等数据存入数据仓库的四个表 RunningInfo、PowerInfo、TemperatureInfo、VibrationStressInfo 中。部分结果如图 5 - 22、图 5 - 23 所示。通过 Select * from RunningInfo 可以查看导入的数据。可以利用 Hive 类 SQL 命令对风电场数据进行简单的查询分析（主要是做 SQL 查询）。

```
hive> show tables;
OK
powerinfo
runninginfo
temperatureinfo
vibrationstressinfo
Time taken: 2.137 seconds, Fetched: 4 row(s)
hive>
```

图 5 - 22　查看数据仓库 WppData 中的表

```
hive> select * from RunningInfo limit 5;
OK
-0.672024361    -0.672337488    -0.672378733    0.509391411    0.493439654    0.060901003    0.059593083    0.207878200
.229907557
-0.672024361    -0.672337488    -0.672378733    0.488117078    0.494670162    0.054155579    0.106516455    0.002962230
.32766856
-0.672024361    -0.672337488    -0.672378733    0.628527671    0.618396262    0.160141123    0.239005977    -0.16097050
.32766856
-0.672024361    -0.672337488    -0.672378733    0.232825092    0.239219658    -0.168503601    -0.169503383    -0.36588651
1       0.32766856
-0.672024361    -0.672337488    -0.672378733    0.48669879    0.490933619    0.044972322    -0.001131282    -0.20195373
4       0.32766856
Time taken: 4.178 seconds, Fetched: 5 row(s)
hive>
```

图 5 - 23　查看 RunningInfo 中前 5 行数据

5.5　本章小结

本章主要解决风电场大数据的存储问题。风电场大数据的存储采用 Hadoop 平台，并依次介绍了 Hadoop 平台上的 HDFS 分布式文件系统、HBase 分布式数据库、Hive 大数据仓库。HDFS 是 Hadoop 平台文件存储的基础，在 Hadoop 上的数据存储最终都是存储在 HDFS 上的，因此 HBase 和 Hive 的数据实际上也都是存储在 HDFS 上的。HBase 可以看成是一个键值数据库，它的特点是查询速度快、存放数据量大、支持高并发，非常适合通过主键进行查询。它不同于一般的关系数据库，是一个适合于非结构化数据存储的数据库；Hive 是基于 Hadoop 的一个数据仓库工具，用来进行数据提取、转化、加载，这是一种可以存储、查询和分析存储在 Hadoop 中的大规模数据的机制。Hive 数据仓库工具能将结构化的数据文件映射为一张数据库表，并提供 SQL 查询功能，能将 SQL 语句转变成 MapReduce 任务来执行，它适合于对数据仓库的数据进行统计分析。根据本章内容，读者可以根据不同的需要，选择相应的存储方式来存储风电场大数据。

## 第 6 章

风电场大数据的高效处理

6.1 概述

随着"互联网＋"与风电的深度融合，大数据、云计算等技术被广泛应用于开发建设、运维管理等环节，极大地提升了风电机组的发电效率和可靠性。

2004 年 Google 发布了分布式文件系统 GFS、分布式计算框架 MapReduce 和非关系型数据库 BigTable，即一个文件系统、一个计算框架、一个数据库系统，主要用于存储和计算搜索引擎的海量数据，这三篇论文也被称作"三驾马车"，从此拉开了大数据技术的大幕。Google 的设计思路是，用大量普通的机器构建服务器集群，通过分布式的方式将海量数据存储在这个集群上，然后利用集群的资源并行计算。

2006 年 Doug Cutting 启动了专门开发维护大数据技术的软件，这就是 Hadoop，后来成立了专门运营 Hadoop 的商业公司 Cloudera，Hadoop 得到了商业支持，大数据生态体系逐渐完善。

2012 年内存突破了容量和成本限制，成为数据运行过程中的主要存储介质，UC Berkeley AMP 实验室开发的 Spark 崭露头角，一经推出，立即受到业界的追捧，特别是在快速迭代计算的机器学习领域。

MapReduce、Spark 这类计算框架所处理的数据并非在线得到的实时数据，而是历史数据，因此这类计算通常被称为大数据离线计算或者批处理计算。

大数据领域的另一种应用场景是对实时产生的海量数据进行即时计算，这类计算称为实时计算或者流计算，因此 Storm、Spark Streaming、Flink 等流计算框架也占了半壁江山。

除了批处理和流处理，大数据还有一种常用的计算模式，即图计算。图并非普通的图像和照片，而是用于表示对象之间关联关系的一种抽象数据结构。图计算就是以图作为数据模型来表达问题，并且高效存储、计算和管理图数据的技术。

6.2 分布式并行编程框架

互联网时代大数据产生的速度越来越快，对海量数据进行挖掘离不开分布式并行编程框架的支持。分布式并行编程框架需要解决数据的存储问题和计算问题。基于分布式存储，数据被分布存储在不同的服务器上，然后借助分布式计算框架（如 MapReduce、Spark 等）来进行分布式并行计算。

Hadoop 是一个提供分布式存储和计算的软件框架，它具有无共享、高可用、弹性可扩展的特点，非常适合处理海量数据，先存储再计算，包含计算框架 MapReduce（Google File System 的开源实现）和分布式文件系统 HDFS（Google MapReduce 的开源实现）。

本节以 Hadoop 分布式架构为例介绍分布式并行编程框架，主要介绍 Hadoop 的三大核心组件，即 HDFS 分布式文件系统、MapReduce 分布式计算引擎、YARN 资源调度管理平台。

6.2.1 HDFS 分布式文件系统

HDFS 是 Hadoop 架构的基础，为分布式运算提供数据存储服务；是将大文件、大批量文件分布式存放在大量服务器上，以便于采取分而治之的方式对海量数据进行运算分析。HDFS 能避免在数据密集计算中容易形成的输入/输出吞吐量限制，且有较高的并发访问能力，能在大文件的追加写入和读取时获得很高的性能。

1. HDFS 技术特点

（1）文件分块存储，HDFS 将一个完整的大文件分块存储到不同的存储节点上，以便同时从多个主机读取不同区块的文件，提高读取效率。

（2）适用于大数据文件和大批量数据文件的存储。

（3）流式数据访问，一次写入多次读取，不支持动态改变文件内容。

（4）数据批量读写，吞吐量高，不适合交互式应用，低延迟很难满足。

（5）提供数据冗余机制，保证系统的高容错性。

2. HDFS 运行原理

图 6-1 是分布式文件系统运行原理图，节点分为 NameNode 和 DataNode 两类，以管理节点—工作节点的模式运行，即一个 NameNode 和多个 DataNode。

NameNode 保存整个文件系统的目录信息、文件信息及分块信息，DataNode 用于存储 Block 块文件。NameNode 和 DataNode 采用 RPC 进行信息交换，采用的机制是心跳机制，即 DataNode 节点定时向 NameNode 反馈状态信息，如是否正常、磁盘空间大小、资源消耗情况等信息，以确保 NameNode 知道 DataNode 的情况。

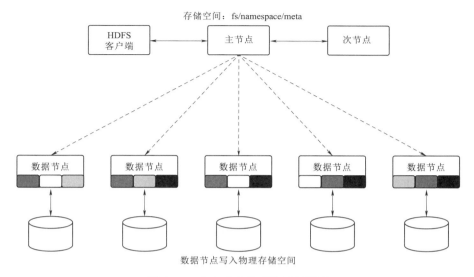

图 6-1　分布式文件系统运行原理

6.2.2　MapReduce 分布式计算引擎

Hadoop MapReduce 诞生于搜索领域，是面向大数据并行处理的计算模型、框架和平台，它的出现使大数据计算通用编程成为可能。使用者无须关心分布式计算的运行环境，只需遵照 MapReduce 编程模型，就能实现海量数据的快速处理。

1. MapReduce 的三层含义

（1）MapReduce 是一个基于集群的高性能并行计算平台，它允许用市场上普通的商用服务器构成一个包含数十、数百至数千个节点的分布和并行计算集群。

（2）MapReduce 是一个并行计算与运行软件框架。它提供了一个庞大但设计精良的并行计算软件框架，能自动完成计算任务的并行化处理，自动划分计算数据和计算任务，在集群节点上自动分配和执行任务以及收集计算结果，将数据分布存储、数据通信、容错处理等并行计算涉及的很多系统底层的复杂细节交由系统负责处理，大大减少了软件开发人员的负担。

（3）MapReduce 是一个并行程序设计模型与方法。它借助于函数式程序设计语言 Lisp 的设计思想，提供了一种简便的并行程序设计方法，用 Map 和 Reduce 两个函数编程实现基本的并行计算任务，提供了抽象的操作和并行编程接口，以简单方便地完成大规模数据的编程和计算处理。

2. MapReduce 框架

（1）MapReduce 将复杂的、大规模的并行计算过程高度抽象为 Map 和 Reduce 两个函数。

（2）MapReduce 采用"分而治之"策略，将分布式文件系统中的大规模数据集分成许多独立的分片，这些分片可以被多个 Map 任务并行处理。

（3）MapReduce 采用"计算向数据靠拢"的设计理念，避免移动数据需要的大量网络传输开销。

（4）MapReduce 采用 Master/Slave 架构，包括一个 Master 和若干个 Slave，Master 上运行 JobTracker，Slave 上运行 TaskTracker。

3. MapReduce 运行过程

图 6-2 是 MapReduce 运行原理图，运行过程分为以下步骤：

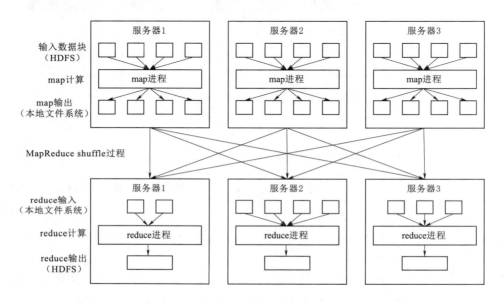

图 6-2　MapReduce 运行原理图

（1）输入分片。在进行 map 计算之前，MapReduce 会根据 HDFS 块的大小将输入文件分片，每个输入分片对应一个 map 任务。

（2）map 阶段。执行编写的 map 函数，一般 map 操作都是本地化操作，map 任务的计算结果都会写入本地文件系统。

（3）shuffle 阶段。map 任务完成后，MapReduce 计算框架会启动 shuffle 过程。在 shuffle 内执行排序、combiner、partitioner 操作。shuffle 是大数据计算过程中最难、最消耗性能的地方，不管是 MapReduce 还是 Spark，只要有大批量数据处理，一定会有 shuffle，因为只有让数据关联起来，才能发掘数据的内在关系和价值。

（4）reduce 阶段。接收 shuffle 阶段的输出，执行 reduce 函数，将最终的计算结果存储在 HDFS 上。

6.2.3 YARN 资源调度管理平台

YARN 作为大数据资源调度管理平台，可将各类计算框架（如离线处理 MapRe-
duce、在线处理 Storm、迭代式计算 Spark）部署到一个公共集群中，共享集群的资
源，YARN 按照特定的策略对资源进行调度和管理。

YARN 架构图如图 6-3 所示。

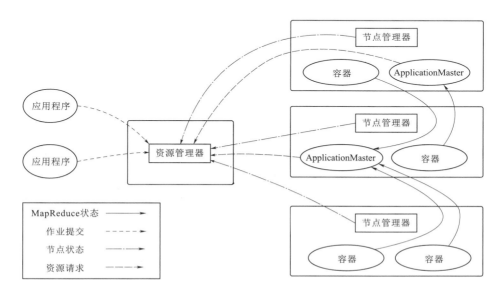

图 6-3　YARN 架构图

YARN 包含：资源管理器（Resource Manager）和节点管理器（Node Manager）
两个部分。资源管理器通常部署在独立的服务器上，负责整个集群的资源调度管理；
节点管理器通常在集群的每台计算服务器上都会启动，负责具体服务器上的资源和任
务管理。资源管理器主要包含调度器和应用程序管理器两个组件。

调度器是一种资源分配算法，YARN 内置了几种资源调度算法，如 Fair
Scheduler、Capacity Scheduler，用户也可以开发自己的资源调度算法供 YARN 使用，
应用程序提交资源申请，调度器结合当前服务器集群的资源状况给予分配。

应用程序管理器负责应用程序的提交、应用程序运行状态的监控等。每个应用
程序启动时会先启动自己的 ApplicationMaster，ApplicationMaster 进一步向资源管理
器申请容器资源，得到资源后，分发应用程序代码到容器上启动，从而进行分布式
计算。

YARN 作为大数据资源调度框架，简化了应用场景。理解 YARN 的工作原理和
架构，可以帮助用户深入理解和使用大数据技术。

6.3　Spark 分布式内存计算框架

虽然 Hadoop MapReduce 已经满足大数据应用场景的需求，能满足"先存储再计算"的离线批量计算，但时延过大，在机器学习迭代、流处理、大规模图数据处理方面很有局限性，其编程复杂程度和执行速度并不让人们满意。于是 UC Berkeley AMP 实验室开发的通用内存并行计算框架 Spark 应运而生。Spark 比 MapReduce 更加高效，数据处理速度更快，可以作为 MapReduce 的替代方案，并且兼容 HDFS、Hive 等分布式存储层，可以融入 Hadoop 的生态系统，弥补 MapReduce 的不足。

Spark 拥有更友好的编程接口和更快的执行速度，而且支持 YARN 和 HDFS，公司迁移到 Spark 上的成本很小，在推出后的短短两年就迅速抢占了 MapReduce 的部分市场份额，成为主流的大数据计算框架。

Spark 支持多种运行模式，如 Standalone、On Yarn、On Mesos、On EC2。Spark 提供完整而强大的生态系统，支持 SQL 查询、流式计算、机器学习和图计算。

6.3.1　Spark 框架原理

Spark 是一种基于内存的分布式计算框架，可以处理多种数据源，如关系型数据库、本地文件系统、分布式存储系统、网络 Socket 字节流等。Spark 从数据源存储介质中装载需要处理的数据到内存中，并将这些数据集抽象为 RDD（resilient distributed datasets）弹性分布式数据集对象，然后采用一系列的算子（封装计算逻辑的 API）来处理这些 RDD，并将处理好的结果以 RDD 的形式输出到内存或以数据流的方式持久化写入其他存储介质中。

Spark 框架拥有一系列用于迭代计算的算子库，通过对这些算子的调用可以完成数据集在内存中的实时计算和处理。Spark 在提交应用后会在客户端启动一个 Driver 进程，之后该 Driver 进程负责与 Spark 集群中的 Master 节点进行数据交互，同时 Driver 进程会跟踪和收集 Master 节点反馈回来的数据处理工况。Spark 集群中的 Master 节点会基于 Spark 框架内部机制分析应用并将提交的应用拆解为各个可以直接执行的作业，这些作业之间或为并发执行、或为串行执行，都由 Spark 的分析器来实现决策，每个作业的内部又可以细分为各个任务，每个任务都对应一个具体的执行进程。Spark 根据分析器拆分的作业以及任务的类型和数量将其分配到各个工作节点上去，每个工作节点上都有一个 Worker 进程来响应 Master 节点的调度处理，Worker 进程负责将任务计算完成之后的状态汇报给 Master 进程，Master 进程负责数据输入、计算、调度和数据输出的整个迭代过程。

6.3.2 RDD 编程模型

Spark 可以理解为面向对象的大数据计算，进行 Spark 编程时，思考的重心应落在 RDD 上，然后在 RDD 上进行各种计算处理，得到新的 RDD 对象。

1. RDD 的特性

总体而言，Spark 采用 RDD 以后能够实现高效计算的主要原因如下：

（1）高效的容错性。在 RDD 的设计中，只能通过从父 RDD 转换到子 RDD 的方式来修改数据，因此可以直接利用 RDD 之间的依赖关系来重新计算得到丢失的分区，而不需要通过数据冗余的方式。除此之外，不需要记录具体的数据和各种细粒度操作的日志，大大降低了数据密集型应用中的容错开销。

（2）中间结果持久化到内存。RDD 的转换操作在内存中进行，不需要在磁盘上进行存储和读取，避免了不必要的磁盘读写开销。

（3）存放的数据可以是 Java 对象，避免了不必要的对象序列化和反序列化开销。

2. RDD 的运行过程

图 6-4 是弹性分布式数据集运行原理图，RDD 在 Spark 中的运行分为以下步骤：

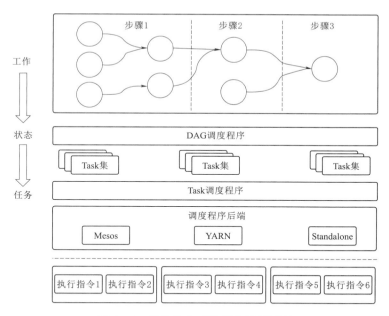

图 6-4 弹性分布式数据集运行原理

（1）读入数据源，创建 RDD 对象。

（2）SparkContext 计算 RDD 之间的依赖关系，然后构建 DAG 图。

（3）DAGScheduler 负责把 DAG 图反向解析成多个阶段，每个阶段包含多个 Tasks。

（4）任务调度器将每个 Task 分发给工作节点上的 Executor 执行。

6.3.3　Spark 生态系统

Spark 生态系统如图 6-5 所示。

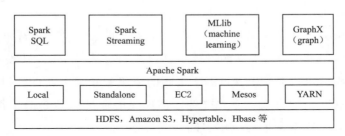

图 6-5　Spark 生态系统图

Spark 生态系统以 Spark Core 为核心，支持从 HDFS、S3、Hypertable、HBase 等多种数据源读取数据，支持 Local、Standalone、EC2、Mesos、YARN 多种部署模式，提供多种常用组件，如 Spark SQL、Spark Streaming、MLlib、GraphX。

1. Spark Core

Spark Core 实现了 Spark 的基本功能，包括任务调度、内存管理、错误恢复与存储系统交互等模块。

2. Spark SQL

Spark SQL 允许开发人员使用 SQL 或者 HQL 查询数据。它提供了一个称为 DataFrame 的编程抽象，主要用于处理结构化数据。

3. Spark Streaming

Spark Streaming 是一个对实时数据流进行高通量、容错处理的流式处理系统，可以操作多种数据源，如 Kafka、Flume、Twitter 等，并将处理结果保存到外部文件系统、数据库。Spark Streaming 将流式计算分解为一系列短小的批处理作业，可以实现高吞吐量的，具备容错机制的实时流数据处理。

4. MLlib

MLlib 是基于 Spark 的分布式机器学习框架，提供一系列的机器学习算法，包含分类、回归、聚类、协同过滤、降维等，降低机器学习的使用门槛。

5. GraphX

GraphX 是基于 Spark 的分布式图形处理框架，提供图计算和图挖掘简洁易用的接口，满足对分布式图处理的需求。

6.3.4　Spark 与 Hadoop 的区别

Hadoop 用普通硬件解决存储和计算问题，Spark 用于构建大型的、低延迟的数据分析应用程序，不实现存储。Hadoop 实质上更多的是一个分布式数据基础设施，它将巨大的数据集分派到一个由普通计算机组成的集群中的多个节点进行存储，意味着不需要购买和维护昂贵的服务器硬件。同时，Hadoop 还会索引和跟踪这些数据，让大数据处理和分析效率达到前所未有的高度。Spark 则是一个专门用来对那些分布式存储的大数据进行处理的工具，它并不会进行分布式数据的存储。

Spark 继承了 MapReduce 分布式并行计算的优点并改进了 MapReduce 明显的缺陷，引进了弹性分布式数据集的抽象 RDD，RDD 发生的一系列数据转换都发生在内存里，将中间结果放到内存中，减少了磁盘的 IO，DAG 切分的多阶段计算过程更快速，这些特性都使得 Spark 相对 Hadoop MapReduce 可以以更快的执行速度，以及更简单的编程实现。

6.4 流数据的实时计算

大数据技术都是以批为单位，主要处理、计算存储介质上的大规模数据，比如每天的发电量、过去一个月风电机组的故障分布等。这些数据通常是有界地存储在磁盘上，使用 MapReduce 或者 Spark 这样的批处理框架，计算一次可能花费几分钟或者几小时。对于实时数据的即时处理，这类批处理框架并不能满足需求。

实时数据不同于存储在磁盘上的数据，是实时传输过来的，或者形象地说像流水一样，数据不是一次到达，而是一点一点"流"过来。针对这类实时数据的处理系统也称为大数据流计算系统。目前业界比较受欢迎的实时计算引擎有 Storm、Spark Streaming 和 Flink。

流式处理是为无边界的数据集设计的一种数据处理引擎，通常用于处理连续数天、数月、数年，或是永久实时的无界数据，特点如下：

（1）容错性。如果节点出现故障，流式处理系统应该能从它离开的位置再次开始恢复处理。

（2）状态管理。流式处理系统应该能够提供一些机制来保存和更新状态信息。

（3）性能。吞吐量应尽可能的大，延时应尽可能的小。

（4）高级功能。流式处理具备处理复杂需求时所需要的功能，如事件时间处理，窗口等功能。

6.4.1 Storm

Storm 是 Twitter 开源的分布式实时大数据处理框架，被业界称为实时版 Hadoop。按照 Storm 作者的说法，Storm 对于实时计算的意义类似于 Hadoop 对于批处理的意义。Hadoop 提供了 Map、Reduce 原语，使批处理程序变得简单和高效。同样，Storm 也为实时计算提供了一些简单高效的原语，而且 Storm 的 Trident 是基于 Storm 原语更高级的抽象框架，类似于基于 Hadoop 的 Pig 框架，让开发更加便利和高效。

1. 基本架构

图 6 - 6 是 Storm 基本架构图，Storm 集群采用主从架构方式，Nimbus 是主节点，Supervisor 是从节点，ZooKeeper 集群存储与调度相关的信息。

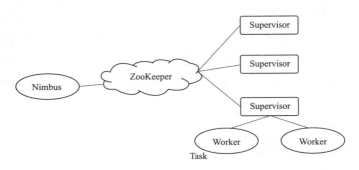

图 6 - 6　Storm 基本架构图

2. 运行流程

（1）客户端提交 Topology 到 Nimbus。

（2）Nimbus 建立 Topology 本地目录，根据 Topology 的配置计算并分配 Task，在 ZooKeeper 上建立 Assignments 节点，其中 Assignments 节点中存储 Task 和 Supervisor 机器节点中 Worker 的对应关系。

（3）在 ZooKeeper 上创建 Taskbeats 节点，以此监控 Task 的心跳，启动 Topology。

（4）Supervisor 从 ZooKeeper 获取分配的 Tasks，然后启动多个 Worker，每个 Worker 生成 Task，根据 Topology 初始化信息建立 Task 之间的连接，最后运行整个 Topology。

6.4.2　Spark Streaming

Spark 是一个基于内存的分布式计算架构，主要对大批量历史数据做批处理计算。而 Spark Streaming 巧妙地利用了 Spark 的分片和快速计算的特性，使用微批处理的方式进行流式传输，图 6 - 7 是 RDD 微批处理图。

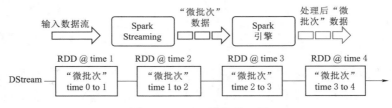

图 6 - 7　RDD 微批处理图

Spark Streaming 实际并不是像 Strom 一样来一条处理一条数据，而是将接收到的实时流数据按照一定时间间隔对数据进行拆分，交给 Spark 引擎，最终得到一批批的结果。

1. 微批处理

Spark Streaming 按照 batch size（如 1s）将输入数据分成一段一段的数据 DS（Discretized Stream），然后交给 Spark 引擎进行处理。每一小段数据都转换为 RDD，然后对 RDD 进行转换操作，操作的中间结果保存在内存中，整个流式计算根据业务的需求可以对中间的结果进行叠加，或者存储到外部设备。

2. Spark Streaming 的特点

（1）高度抽象的 API，易用性强。

（2）社区活跃度高，产品成熟。

（3）吞吐量高，容错性强。

（4）与 Spark 生态系统其他组件天然融合，可实现交互查询和机器学习等多范式组合处理。

（5）不是真正意义上的实时计算，不能够满足低延时需求，如毫秒级的延迟需求。

6.4.3 Flink

Flink 是近年来在社区中比较活跃的分布式处理框架。Flink 相对简单的编程模型加上其高吞吐、低延迟、高性能以及支持 exactly‐once 语义的特性，让它在工业生产中较为出众，可能会成为企业内部主流的数据处理框架，最终成为下一代大数据处理标准。

Flink 是一个框架和分布式处理引擎，用于对无界和有界数据流进行有状态计算。区别于 Spark 的微批处理，Flink 在流式计算里属于真正意义上的单条处理，每一条数据都触发计算，因此能满足用户的低延迟需求。Flink 基本架构图如图 6‐8 所示。

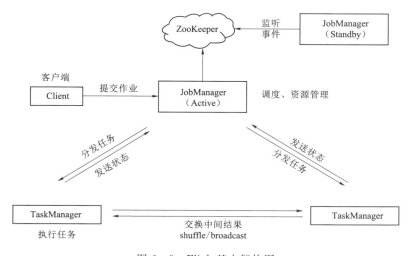

图 6‐8 Flink 基本架构图

1. 架构原理

Flink 集群首先会启动一个 JobManager 和多个 TaskManager。Client 提交任务给 JobManager，JobManager 再调度任务到各个 TaskManager 去执行，TaskManager 将心跳和统计信息汇报给 JobManager。TaskManager 之间以流的形式进行数据的传输，在 Hadoop 一代中，只有 Map 和 Reduce 之间的 Shuffle，而对 Flink 而言，在 TaskManager 内部和 TaskManager 之间都会有数据传递，而不像 Hadoop，是固定的 Map 到 Reduce。

2. 技术特点

（1）支持高吞吐、低延迟、高性能的流处理。

（2）支持有状态计算的 exactly - once 语义。

（3）支持带有事件时间的窗口操作和高度灵活的窗口操作。

（4）支持具有轻量级分布式快照实现的容错。

（5）支持程序自动优化，避免特定情况下 Shuffer、排序等昂贵操作。

（6）同时支持 Batch on Streaming 和 Streaming 处理。

（7）支持具有 Backpressure 功能的持续流模型。

3. Flink 生态系统

图 6-9 是 Flink 生态系统图，从下往上看，Flink 生态系统分为四层。第一层是 deploy 层，Flink 支持多种部署模式，如 Local、YARN、Tez 等。第二层是核心部分 Runtime。第三层是 API 层，支持 DataSet 批处理和 DataStream 流处理。第四层，在核心 API 之上又扩展了一些高阶应用，如 Gelly 图计算、ML 机器学习等。

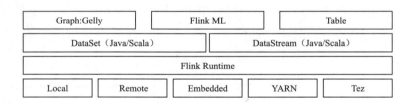

图 6-9　Flink 生态系统图

6.4.4　流式计算与批量计算的区别

流数据是指在时间分布和数量上无限的一系列动态数据集合体，数据的价值随着时间的流逝而降低，因此必须实时计算给出秒级响应。流式计算，顾名思义，就是对数据流进行处理，是实时计算。批量计算则是统一收集数据，存储到数据库中，然后对数据进行批量处理的数据计算方式。两者的区别主要体现在以下方面：

（1）数据时效性不同。流式计算实时、低延迟，批量计算非实时、高延迟。

（2）数据特征不同。流式计算的数据一般是动态的、没有边界的，而批处理的数据一般是静态数据。

（3）应用场景不同。流式计算应用在实时场景，时效性要求比较高的场景，如实时推荐、业务监控，批量计算一般说批处理，应用在实时性要求不高、离线计算的场景下，如数据分析、离线报表等。

（4）运行方式不同。流式计算的任务是持续进行的，批量计算的任务则一次性完成。

6.5　并行图计算模型

图能够将人、产品、想法、事实、兴趣爱好之间的关系进行编码，转成一种结构进行存储，如社交媒体、科学中的分子结构关系、电商平台的广告推荐、网页信息。图的一个特点是 BIG，有数十亿的点和边以及丰富的元数据。各种场景下的信息都能转成图来表示，同时可以利用图来进行数据挖掘和机器学习，如识别出有影响力的人和信息、社区发现、寻找产品和广告的投放用户、给有依赖关系的复杂数据构建模型等都可以用图来完成。

为了解决巨型图的存储和计算，提出了分布式图计算框架，其目的是将巨型图的各种操作包装成简单的接口，让分布式存储、并行计算等复杂问题对上层透明，从而使复杂网络和图算法的工程师更加聚焦在图相关的模型设计和使用上，而不用关心底层的分布式细节。为了实现这个目的，并行图计算模型需要解决图存储模式和图计算模式两个通用问题。

6.5.1　图存储模式

图存储模式来源于图论中的拓扑学。图存储模式是一种专门存储节点的边以及节点之间的连线关系的拓扑存储方法。一个图是一个数学概念，用来表示一个对象集合，包括顶点以及连接顶点的边。节点和边都存在描述参数，边是矢量，是有方向的，可能是单向或双向的。

总体上图存储有边分割和点分割两种方式。图 6-10 是两种图存储模式图。

1. 边分割

每个顶点都存储一次，因此有的边会被打断到不同的机器上。这样处理的优点是节约存储空间；缺点是对于一条两个顶点分布在不同机器上的边来说，进行基于边的计算时，增加了跨机器传输数据的环节。

2. 点分割

每条边只存储一次，都只会出现在一台机器上，邻居多的顶点会被复制到多台机

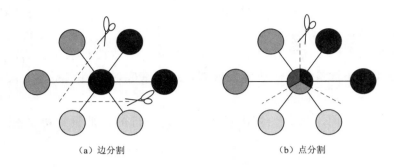

（a）边分割　　　　　　　　　　（b）点分割

图 6-10　图存储模式图

器上。这样处理的优点是可以减少内网通信量；缺点是增加了存储开销，同时会引发数据同步问题。

点分割模式在性能上优于边分割模式，另外随着磁盘价格下降，存储空间不再是问题，点分割模式逐渐被业界广泛接收并使用。

6.5.2　图计算模式

当前的图计算框架基本上都遵循 BSP（bulk synchronous parallel）计算模式。BSP 将计算分解为一系列超步（superstep）的迭代，每一个超步由并发计算、通信和栅栏同步三个步骤组成。基于 BSP 模式，目前有 Pregel 模型和 GAS 模型两种比较成熟的图计算模型。

1. Pregel 模型

Pregel 模型提出了"像顶点一样思考"的图计算模式，采用消息在点之间传递数据的方式，从而让用户无须考虑并行分布式计算的细节，只需实现一个顶点更新函数，框架在遍历顶点时调用即可。

这种模型简单易用，但是有个缺点，对于邻居数量很多的顶点，需要处理大量的信息，因此对于符合幂律分布的自然图，这种计算模型下很容易发生假死或者崩溃。

2. GAS 模型

GAS 模型又称为邻居更新模型，它允许用户的自定义函数访问当前顶点的整个邻域，可抽象成 Gather、Apply 和 Scatter 三个阶段，由用户实现三个独立的函数 gather、apply 和 scatter。

GAS 模型的 gather、scatter 函数是以单条边为操作粒度，所以对于一个顶点的众多邻边，可以分别由相应的 worker 独立调用 gather、scatter 函数。这一设计主要是为了适应点分割的图存储模式，从而避免 Pregel 模型会遇到的问题。

6.6 本章小结

总体来说，大数据技术分为存储、计算、资源管理三大类。

HDFS 分布式文件系统是最基本的大数据存储技术，在企业应用中，通过将各种渠道收集的数据，如关系数据库数据、应用程序埋点数据、爬虫数据、日志数据，统一存储到 HDFS，以备后续统一使用。

MapReduce 是大数据最早的并行计算框架，目前来讲 Spark 在企业级应用中更多，MapReduce 和 Spark 这些技术主要用来解决离线大数据的计算，或者说是针对历史数据进行计算。

针对实时数据的计算目前常用 Storm、Spark Streaming、Flink 三种流计算框架。

除了批处理和流处理，大数据还有一种常用的计算模式，图计算。以图作为数据模型来表达问题，并且高效存储、计算和管理图数据。

无论是批处理还是流处理计算，都需要庞大的计算资源做支撑，如何管理服务器集群的计算资源，如何科学地进行资源分配，需要一个有力的资源管理器来统一调度和管理，这就是大数据集群资源管理框架 YARN 的主要作用。

第7章

风电场大数据的分析与挖掘

7.1 概述

7.1.1 风电场大数据挖掘的基本任务

大数据是驱动新一代技术革新的关键力量，在各行各业中都体现了其巨大的经济价值，风电行业也不例外。数据挖掘的基本任务包括利用分类与预测、聚类分析、时序模式、偏差检测等方法，帮助企业提取数据中蕴含的商业价值，提高企业的竞争力。

基于大数据进行预测性维修使得风电场运维流程发生了根本性变化，系统的提前预测可以让风电企业优化运维计划，在提升设备可靠性的同时降低运营成本。同时，随着风电场运维管理的标准化和专业化，风电场运维服务市场将快速增长并整合，基于大数据的风电场运维平台可以随时获取每台风电机组的实时运行和历史信息，然后结合资产、人员、专家知识以及气象等外部环境信息进行分析和预测，优化风电场运维。结合大数据计算和可视化分析等技术，实现风电企业前期设计优化、设备科学选型、规范安全生产、精确资产评估、科学对标考核、高效集约管控的全面提升。

7.1.2 风电场大数据挖掘建模过程

7.1.2.1 定义挖掘目标

针对具体的数据挖掘应用需求，首先要明确数据挖掘目标、系统完成后能达到的效果，因此必须分析应用领域，包括应用中的各种知识和应用目标，了解相关领域的有关情况，熟悉背景知识，弄清用户需求。要想充分发挥数据挖掘的价值，必须要对目标有一个清晰明确的定义。针对风电行业的数据挖掘应用，可定义如下挖掘目标：

（1）根据风电机组运行数据，判断风电机组的正常运行状态与异常运行状态，能够及时发现异常运行的风电机组。

（2）根据风电机组的发电数据，预测风电机组未来的发电量，对风电机组未来的发电状况有个整体的把握。

（3）根据风电机组的部分运行数据、发电数据、温度数据和压力数据，判断是否存在某些故障情况，及时检修故障部位。

7.1.2.2 数据取样

在明确了需要进行数据挖掘的目标后，从业务系统中抽取出一个与挖掘目标相关的样本数据子集。抽取数据的标准，一是相关性，二是可靠性，三是有效性，而不是动用全部风电机组数据。通过数据样本的精选，不仅能减少数据处理量，节省系统资源，而且使想要寻找的规律性更加突显出来。

进行数据取样，一定要严把质量关。在任何时候都不能忽视数据的质量，即使是从一个数据仓库中进行数据取样，也不要忘记检查其质量。因为数据挖掘是要探索风电机组运作的内在规律性，原始数据有误，就很难从中探索规律性。若真的从中探索出来某种"规律性"，再依此去指导工作，则很可能会造成误导。若从正在运行的系统中进行数据取样，更要注意数据的完整性和有效性。

衡量取样数据质量的标准包括：①资料完整无缺，各类指标项齐全；②数据准确无误，无异常数据。

对获取的数据，可再从中作抽样操作。抽样的方式是多种多样的，常见的有以下方式：

（1）随机抽样。在采用随机抽样方式时，数据集中的每一组观测值都有相同的被抽样的概率。如按 10％的比例对一个数据集进行随机抽样，则每一组观测值都有10％的机会被取到。

（2）等距抽样。如按 5％的比例对一个有 100 组观测值的数据集进行等距抽样，则 100/5＝20，等距抽样方式是取第 20 组、40 组、60 组、80 组和第 100 组这 5 组观测值。

（3）分层抽样。在这种抽样操作时，首先将样本总体分成若干层次（或者说分成若干个子集）。在每个层次中的观测值都具有相同的被选用的概率，但对不同的层次可设定不同的概率。这样的抽样结果通常具有更好的代表性，进而使模型具有更好的拟合精度。

（4）从起始顺序抽样。这种抽样方式是从输入数据集的起始处开始抽样。抽样的数量可以给定一个百分比，或者直接给定选取观测值的组数。

（5）分类抽样。在前述几种抽样方式中，并不考虑抽取样本的具体取值。分类抽样则依据某种属性的取值来选择数据子集。分类抽样的选取方式就是前面所述的几种方式，只是抽样以类为单位。

7.1.2.3 数据探索

数据取样是带着人们对如何实现数据挖掘目的的先验认识进行操作的。当拿到了一个样本数据集后，它是否达到原来设想的要求；其中有没有什么明显的规律和趋势；有没有出现从未设想过的数据状态；属性之间有什么相关性；它们可区分成怎样一些类别等等，这都是要首先探索的内容。

对所抽取的样本数据进行探索、审核和必要的加工处理，是保证最终的挖掘模型的质量所必需的。可以说，挖掘模型的质量不会超过抽取样本的质量。数据探索和预处理的目的是保证样本数据的质量，从而为保证模型质量打下基础。

常用的数据探索方法主要包括数据质量分析和数据特征分析两方面。

1. 数据质量分析

数据质量分析是数据挖掘中数据准备过程的重要一环，是数据预处理的前提，也是数据挖掘分析结论有效性和准确性的基础。没有可信的数据，数据挖掘构建的模型将是"空中楼阁"。

数据质量分析的主要任务是检查原始数据中是否存在脏数据，脏数据一般是指不符合要求，以及不能直接进行相应分析的数据。在常见的数据挖掘工作中，脏数据包括缺失值、异常值、不一致的值、重复数据及含有特殊符号的数据。

（1）缺失值分析。数据的缺失主要包括记录的缺失和记录中某个字段信息的缺失，两者都会造成分析结果的不准确。使用简单的统计分析，可以得到含有缺失值的属性的个数，以及每个属性的未缺失数、缺失数与缺失率等。缺失值的处理，从总体上来说分为删除存在缺失值的记录、对可能值进行插补和不处理三种情况。

（2）异常值分析。异常值分析是检验数据是否有录入错误以及含有不合常理的数据。忽视异常值的存在是十分危险的，不加剔除地把异常值包括进数据的计算分析过程中，会给结果带来不良影响；重视异常值的出现，分析其产生的原因，常常成为发现问题进而改进决策的契机。异常值是指样本中的个别值，其数值明显偏离其余的观测值。异常值也称为离群点，异常值分析也称为离群点分析。

（3）数据一致性分析。数据不一致性是指数据的矛盾性、不相容性。直接对不一致的数据进行挖掘，可能会产生与实际相违背的挖掘结果。在数据挖掘过程中，不一致数据的产生主要发生在数据集成的过程中，可能是由于被挖掘数据来自不同的数据源，或对重复存放的数据未能进行一致性更新造成的。

2. 数据特征分析

对数据进行质量分析以后，可通过绘制图表、计算某些特征量等手段进行数据的特征分析。数据特征分析主要包括分布分析、对比分析、统计量分析、周期性分析、贡献度分析和相关性分析。

（1）分布分析。分布分析能揭示数据的分布特征和分布类型。对定量数据而言，欲了解其分布形式是对称的还是非对称的，发现某些特大或特小的可疑值，可做出频率分布表、绘制频率分布直方图、绘制茎叶图进行直观地分析；对于定性分类数据，可用饼图和条形图直观地显示分布情况。

（2）对比分析。对比分析是指把两个相互联系的指标进行比较，从数量上展示和说明研究对象规模的大小、水平的高低、速度的快慢，以及各种关系是否协调，特别适用于指标间的横纵向比较、时间序列的比较分析。在对比分析中，选择合适的对比标准是十分关键的步骤，选择得合适，才能做出客观的评价。

（3）统计量分析。用统计指标对定量数据进行统计描述，常从集中趋势和离中趋势两个方面进行分析。平均水平的指标是对个体集中趋势的度量，使用最广泛的是均值和中位数；反映变异程度的指标则是对个体离开平均水平的度量，使用较广泛的是标准差（方差）、四分位间距。

（4）周期性分析。周期性分析是探索某个变量是否随着时间变化而呈现出某种周期变化趋势。时间尺度相对较长的周期性趋势有年度周期性趋势、季节性周期性趋势，相对较短的有月度周期性趋势、周度周期性趋势，甚至更短的天、小时周期性趋势。

（5）贡献度分析。贡献度分析又称帕累托分析，它的原理是帕累托法则。同样的投入放在不同的地方会产生不同的效益。

（6）相关性分析。分析连续变量之间线性相关程度的强弱，并用适当的统计指标表示出来的过程称为相关性分析。

判断两个变量是否具有线性相关关系的最直观方法是直接绘制散点图。需要同时考察多个变量间的相关关系时，一一绘制它们间的简单散点图会十分麻烦。此时可利用散点图矩阵来同时绘制各变量间的散点图，从而快速发现多个变量间的主要相关性，这在进行多元线性回归时尤为重要。为了更加准确地描述变量之间的线性相关程度，可以通过计算相关系数来进行相关分析。在二元变量的相关分析过程中比较常用的有 Pearson 相关系数、Spearman 秩相关系数和判定系数。

7.1.2.4　数据预处理

当采样数据维度过大时，如何进行降维处理、缺失值处理等都是数据预处理要解决的问题。

由于采样数据中常常包含许多含有噪声、不完整甚至不一致的数据，对数据挖掘所涉及的数据对象必须进行预处理。常用的数据预处理主要包括数据清洗、数据集成、数据变换、数据规约等。

1. 数据清洗

数据清洗主要是删除原始数据集中的无关数据、重复数据，平滑噪声数据，筛选掉与挖掘主题无关的数据，处理缺失值、异常值等。

（1）缺失值处理。处理缺失值的方法可分为删除记录、数据插补和不处理三类。如果通过简单的删除小部分记录达到既定的目标，那么删除含有缺失值的记录这种方法是最有效的。然而，这种方法却有很大的局限性。它是以减少历史数据来换取数据的完备，会造成资源的大量浪费，丢弃了大量隐藏在这些记录中的信息。尤其在数据集本来就包含很少记录的情况下，删除少量记录就可能会严重影响到分析结果的客观性和正确性。因此，在很多情况下，原始数据集中的缺失值需要使用算法进行插补，典型的数值缺失值插补算法有拉格朗日插值法和牛顿插值法。不过，一些模型可以将缺失值视作一种特殊的取值，允许直接在含有缺失值的数据上进行建模。

（2）异常值处理。异常值处理是将含有异常值的记录直接删除。这种方法简单易行，但缺点也很明显，在观测值很少的情况下，这种删除会造成样本量不足，可能会改变变量的原有分布，从而造成分析结果不准确。被视为缺失值处理的更好方法是利用现有变量的信息，对异常值（缺失值）进行填补。在很多情况下，要先分析异常值出现的可能原因，再判断异常值是否应该舍弃，如果是正确的数据，可以直接在具有异常值的数据集上进行挖掘建模。

2. 数据集成

数据挖掘需要的数据往往分布在不同的数据源中，数据集成就是将多个数据源合并存放在一个一致的数据存储（如数据仓库）中的过程。在数据集成时，来自多个数据源的现实世界实体的表达形式是不一样的，有可能不匹配，要考虑实体识别问题和属性冗余问题，从而将源数据在最底层上加以转换、提炼和集成。

3. 数据变换

数据变换主要是对数据进行规范化处理，将数据转换成"适当的"形式，以适用于挖掘任务及算法的需要。常用的数据变换方法有简单函数变换、规范化、连续属性离散化、属性构造、小波变换。

（1）简单函数变换。简单函数变换是对原始数据进行某些数学函数变换，常用的包括平方、开方、取对数、差分运算等。简单的函数变换常用来将不具有正态分布的数据变换成具有正态分布的数据；在时间序列分析中，有时简单的对数变换或者差分运算就可以将非平稳序列转换成平稳序列。在数据挖掘中，简单的函数变换可能更有必要，例如，个人年收入的取值范围为 10000～10 亿元，这是一个很大的区间，使用对数变换对其进行压缩是常用的一种变换处理。

（2）规范化。数据标准化（归一化）处理是数据挖掘的一项基础工作。不同评价指标往往具有不同的量纲和单位，数值间的差别可能很大，不进行处理可能会影响到数据分析的结果。为了消除指标之间的量纲和取值范围差异的影响，需要进行标准化处理，将数据按照比例进行缩放，使之落入一个特定的区域，便于进行综合分析。如将工资收入属性值映射到［-1，1］或者［0，1］内。常用的规范化方法有最小—最大规范化、零均值规范化、小数定标规范化。

（3）连续属性离散化。一些数据挖掘算法，特别是某些分类算法（如 ID3 算法、

Apriori 算法等），要求数据是离散属性形式。因此，常常需要将连续属性变换成离散属性，即连续属性离散化。连续属性离散化就是在数据的取值范围内设定若干个离散的划分点，将取值范围划分为一些离散化的区间，最后用不同的符号或整数值代表落在每个子区间中的数据值。离散化涉及确定分类数以及如何将连续属性值映射到这些分类值两个子任务。常用的连续属性离散化方法有等宽法、等频法、（一维）聚类。

（4）属性构造。在数据挖掘的过程中，为了帮助提取更有用的信息，挖掘更深层次的模式，提高挖掘结果的精度，需要利用已有的属性集构造出新的属性，并加入现有的属性集合中。

（5）小波变换。小波变换是一种新型的数据分析工具，是近年来兴起的信号分析手段。小波分析的理论和方法在信号处理、图像处理、语音处理、模式识别、量子物理等领域得到越来越广泛的应用，它被认为是近年来在工具及方法上的重大突破。小波变换具有多分辨率的特点，在时域和频域都具有表征信号局部特征的能力，通过伸缩和平移等运算过程对信号进行多尺度聚焦分析，提供了一种非平稳信号的时频分析手段，可以由粗及细地逐步观察信号，从中提取有用信息。

4. 数据规约

在大数据集上进行复杂的数据分析和挖掘将需要很长的时间，数据规约可以产生更小的但保持原数据完整性的新数据集。在规约后的数据集上进行分析和挖掘将更有效率。数据规约可以降低无效、错误数据对建模的影响，提高建模的准确性；缩减数据挖掘所需的时间；降低存储数据的成本。

数据规约主要包括属性规约和数值规约。

（1）属性规约。属性规约通过属性合并创建新属性维数，或者直接通过删除不相关的属性（维）来减少数据维数，从而提高数据挖掘的效率、降低计算成本。属性规约的目标是寻找出最小的属性子集并确保新数据子集的概率分布尽可能接近原来数据集的概率分布。

（2）数值规约。数值规约通过选择替代的、较小的数据来减少数据量，包括有参数方法和无参数方法两类。有参数方法是使用一个模型来评估数据，只需存放参数，而不需要存放实际数据，例如回归（线性回归和多元回归）和对数线性模型（近似离散属性集中的多维概率分布）。无参数方法就需要存放实际数据，例如直方图、聚类、抽样（采样）。

7.1.2.5 挖掘建模

挖掘建模是数据挖掘工作的核心环节。针对风电行业的数据挖掘应用，挖掘建模主要包括基于聚类算法的风电机组运行状态的分析、基于分类算法的故障检测分析和基于回归算法的发电量值预测等。

以发电量值预测为例，模型构建是基于历史发电量值，综合考虑有功功率、无功功率、功率因数、AB 线电压、A 相相电流、频率等因素，反映的是采样数据内部结构的一般特征，并与该采样数据的具体结构基本吻合。模型的具体化就是发电量值预测公式，公式可以产生与观察值有相似结构的输出，这就是预测值。

7.1.2.6　模型评价

从建模过程中会得出一系列的分析结果，模型评价的目的之一就是从这些模型中自动找出一个最好的模型出来，另外就是要根据业务对模型进行解释和应用。

对分类与预测模型和聚类分析模型的评价方法是不同的。分类与预测模型对训练集进行预测而得出的准确率并不能很好地反映预测模型未来的性能，为了有效判断一个预测模型的性能表现，需要一组没有参与预测模型建立的数据集，并在该数据集上评价预测模型的准确率，这组独立的数据集称为测试集。模型预测效果评价通常用相对绝对误差、平均绝对误差、根均方差、相对平方根误差等指标来衡量。聚类分析仅根据样本数据本身将样本分组。其目标是，组内的对象相互之间是相似的（相关的），而不同组中的对象是不同的（不相关的）。组内的相似性越大，组间差别越大，聚类效果就越好。

7.1.3　Spark MLlib 库简介

7.1.3.1　机器学习简介

机器学习是一门多学科交叉专业，涵盖概率论知识、统计学知识、近似理论知识和复杂算法知识，使用计算机作为工具并致力于真实模拟人类学习方式，并将现有内容进行知识结构划分来有效提高学习效率。机器学习也是一类算法的总称，这些算法企图从大量历史数据中挖掘出其中隐含的规律，并用于预测或者分类，更具体地说，机器学习可以看作是寻找一个函数，输入的是样本数据，输出的是期望的结果，只是这个函数过于复杂，以至于不太方便形式化表达。需要注意的是，机器学习的目标是使学到的函数很好地适用于"新样本"，而不仅仅是在训练样本上表现很好。

1. 机器学习的步骤

机器学习主要包括以下步骤：

（1）选择一个合适的模型。这通常需要依据实际问题而定，针对不同的问题和任务需要选取恰当的模型，模型就是一组函数的集合。

（2）判断一个函数的好坏。这需要确定一个衡量标准，也就是通常说的损失函数（Loss Function）。损失函数也需要依据具体问题而定，如回归问题一般采用欧式距离函数，分类问题一般采用交叉熵代价函数。

（3）找出"最好"的函数。如何从众多函数中最快地找出"最好"的那一个是最大的难点，做到又快又准往往不是一件容易的事情。常用的方法有梯度下降算法、最小二乘法和其他技巧（tricks）。

学习得到"最好"的函数后，需要在新样本上进行测试，只有在新样本上表现很好，才算是一个"好"的函数。

2. 机器学习的类别

机器学习主要可以分为下列类别：

（1）监督学习。输入数据被称为训练数据，它们有已知的标签或者结果。模型的参数确定需要通过一个训练的过程，在这个过程中模型将会要求做出预测，当预测不符时，则需要做出修改。常见的监督学习算法包括回归分析和统计分类。

（2）无监督学习。输入数据不带标签或者没有一个已知的结果，通过推测输入数据中存在的结构来建立模型。常见的无监督学习算法有聚类算法。

（3）半监督学习。输入数据由带标签的数据和不带标签的数据组成。合适的预测模型虽然已经存在，但是模型在预测的同时还必须能通过发现潜在的结构来组织数据。这类问题包括分类和回归。

（4）强化学习。输入数据作为来自环境的激励提供给模型，且模型必须做出反应。反馈并不像监督学习那样来自训练的过程，而是作为环境的惩罚或者奖赏。算法的例子包括 Q 学习和时序差分学习。

3. 机器学习的算法

常见的机器学习算法如下：

（1）分类与回归，包括线性回归、逻辑回归、贝叶斯分类、决策树分类等。

（2）聚类，包括 K - Means 聚类、LDA 主题、KNN 等。

（3）关联规则，包括 Apriori、FPGrowth 等。

（4）推荐，包括协同过滤、ALS 等。

（5）神经网络，包括 BP、RBF、SVM 等。

（6）深度神经网络等算法。

7.1.3.2　Spark - MLlib 概述

MLlib 是构建在 Spark 上的分布式机器学习库，充分利用了 Spark 的内存计算和适合迭代型计算的优势，将性能大幅度提升。同时由于 Spark 算子丰富的表现力，让大规模机器学习的算法开发不再复杂。简单来说 MLlib 是一些常用的机器学习算法和库在 Spark 平台上的实现。MLlib 是 AMPLab 的在研机器学习项目 MLBase 的底层组件，主要包括分类、回归、聚类等，如图 7 - 1 所示。

（1）优化计算。MLlib 目前支持随机梯度下降法、少内存拟牛顿法、最小二乘法等。

（2）回归。MLlib 目前支持线性回归、逻辑回归、岭回归、保序回归和与之相关的 L1 和 L2 正则化的变体。MLlib 中回归算法的优化计算方法采用随机梯度下降法。

（3）分类。MLlib 目前支持贝叶斯分类、线性二元 SVM 分类和逻辑回归分类，

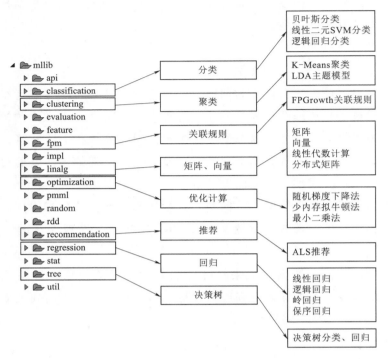

图 7 - 1　Spark - MLlib 算法库

同时也包括 L1 和 L2 正则化的变体。优化计算方法也采用随机梯度下降法。

（4）聚类。MLlib 目前支持 K - Means 聚类算法、LDA 主题模型算法。

（5）推荐。MLlib 目前支持 ALS 推荐，采用交替最小二乘求解的协同推荐算法。

（6）关联规则。MLlib 目前支持 FPGrowth 关联规则挖掘算法。

Spark - MLlib 通过 API，可以处理 Hdfs、Hive、Hbase 上的文件，支持 Scala、Python、Java 三种实现方式。

7.1.3.3　Spark 集群的安装与部署

使用表 7 - 1 中的软件版本进行配置（具体配置过程见附录 4）。

表 7 - 1　　　　　　　　　　　　　软 件 版 本 列 表

软　件	版　　本
操作系统	CentOS Linux release 7.3.1611（Core）
虚拟机	VMware Workstation15.1.0
Spark	spark - 2.4.4 - bin - hadoop2.7.tgz
Scala	scala - 2.13.1.tgz

启动完成后可以通过 Web UI（http：//192.168.157.128：8080）访问 Spark 集群，如图 7 - 2 所示。

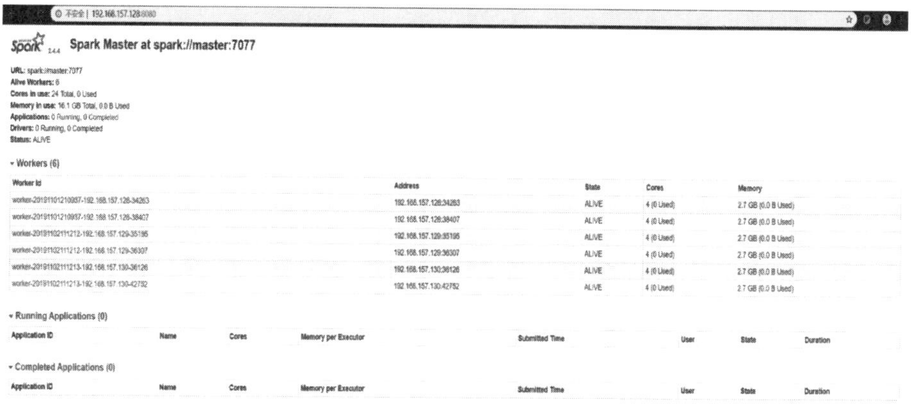

图 7-2　Web UI 访问 Spark

7.2　风电场大数据的聚类分析

7.2.1　聚类分析算法

聚类分析又称群分析，它是研究（样品或指标）分类问题的一种统计分析方法，同时也是数据挖掘的一个重要算法。它是由若干模式（Pattern）组成的，通常，模式是一个度量（Measurement）的向量，或者是多维空间中的一个点。聚类分析以相似性为基础，在同一个类内对象之间具有较高的相似度，不同类之间的对象差别较大。

聚类算法是无监督学习，只需要数据，而不需要标记结果，通过学习训练，用于发现共同的群体。聚类所说的类不是事先给定的，而是根据数据的相似性和距离来划分。聚类算法主要有 K-Means 聚类算法、LDA 主题模型、均值偏移聚类算法、密度聚类算法、使用高斯混合模型（GMM）的期望最大化（EM）聚类等。本节主要讲解 K-Means 聚类算法。

7.2.1.1　K-Means 算法

1. K-Means 算法思想

K-Means 算法的基本思想是初始随机给定 K 个簇中心，按照最邻近原则把待分类样本点分到各个簇。然后按平均法重新计算各个簇的质心，从而确定新的簇心。一直迭代，直到簇心的移动距离小于某个给定的值。

已知观测集 $(x_1, x_2, \cdots, x_n)$，其中每个观测都是一个 d 维实向量，K-Means 算法是要把这 n 个观测划分到 k 个集合中（$k \leqslant n$），使得组内平方和最小。换句话说，它的目标是找到并满足的聚类 S_i 即

$$\arg_S \min \sum_{i=1}^{k} \sum_{x \in S_i} \| x - \mu_i \|^2 \tag{7-1}$$

其中，μ_i 是 S_i 中所有点的均值。

K-Means 聚类算法主要分为以下步骤：

（1）为待聚类的点寻找聚类中心。

（2）计算每个点到聚类中心的距离，将每个点聚类到离该点最近的聚类中去。

（3）计算每个聚类中所有点的坐标平均值，并将这个平均值作为新的聚类中心。

反复执行步骤（2）、步骤（3），直到聚类中心不再进行大范围移动或者聚类次数达到要求为止。

2. K-Means 算法优缺点

K-Means 算法的优点主要如下：

（1）计算复杂度低，为 $0(Nmq)$，其中 N 是数据总量，m 是类别（即 k），q 是迭代次数。

（2）原理简单，实现容易，容易解释。

（3）聚类效果好。

K-Means 算法的缺点主要如下：

（1）对异常值（噪声）敏感，可以通过一些调整来解决（如中心值不直接取均值，而是找均值最近的样本点代替）。

（2）需要提前确定 K 值（提前确定多少类）。

（3）分类结果依赖于分类中心的初始化（可以通过进行多次 K-Means 取最优来解决）。

（4）属于"硬聚类"，每个样本只能有一个类别。其他的一些聚类方法（GMM或者模糊 K-Means）允许"软聚类"。

（5）对于团状的数据点集区分度好，对于带状（环绕）等非凸形状不太好（用谱聚类或做特征映射）。

3. 初始化聚类中心点

对于初始化聚类中心点，可以在输入的数据集中随机地选择 K 个点作为中心点，但是随机选择初始中心点可能会造成聚类的结果和数据的实际分布相差很大。K-Means＋＋就是选择初始中心点的一种算法。

K-Means＋＋算法选择初始中心点的基本思想是：初始的聚类中心之间的相互距离要尽可能远。初始化过程如下：

（1）从输入的数据点集合中随机选择一个点作为第一个聚类中心。

（2）对于数据集中的每一个点 x，计算它与最近聚类中心（指已选择的聚类中心）的距离 $D(x)$。

（3）选择一个新的数据点作为新的聚类中心，选择的原则是：$D(x)$ 较大的点被选取作为聚类中心的概率较大。

（4）重复（2）和（3），直到 K 个聚类中心被选出来。

（5）利用这 K 个初始的聚类中心来运行标准的 K‐Means 算法。

从上面的算法描述可以看到，算法的关键是第（3）步，如何将 $D(x)$ 反映到点被选择的概率上的一种算法如下：

（1）随机从点集 D 中选择一个点作为初始的中心点。

（2）计算每一个点到最近中心点的距离 S_i，对所有 S_i 求和得到 sum。

（3）再取一个随机值，用权重的方式计算下一个"种子点"。取随机值 $random$（$0<random<sum$），对点集 D 循环，做 $random\ \text{-}=S_i$ 运算，直到 $random<0$，那么点 i 就是下一个中心点。

（4）重复（2）和（3），直到 K 个聚类中心被选出来。

（5）利用这 K 个初始的聚类中心来运行标准的 K‐Means 算法。

7.2.1.2　DBSCAN 聚类算法

密度聚类（Density‐based Clustering）假设聚类结构能通过样本分布的紧密程度确定，其从样本密度的角度来考察样本之间的可连接性，并基于可连接样本不断扩展聚类簇以获得最终的聚类结果。DBSCAN（density‐based spatial clustering of applications with noise）是一个比较有代表性的基于密度的聚类算法。与划分和层次聚类方法不同，它将簇定义为密度相连的点的最大集合，能够把具有足够高密度的区域划分为簇，并可在噪声的空间数据库中发现任意形状的聚类。

1. 密度聚类相关概念

给定数据集 $D=\{x_1,x_2,\cdots,x_m\}$，有如下概念：

（1）$\in$领域：$N_\in=\{x_i\in D\,|\,dist(x_i,x_j)\leqslant\varepsilon\}$，即样本集中与 x_j 距离不超过 $\in$ 的样本集合。

（2）核心对象：若 x_j 的 $\in$ 邻域内至少包含 $MinPts$ 个样本，则它是一个核心对象。

（3）密度直达：若 x_j 位于 x_i 的 $\in$ 邻域中，且 x_i 是核心对象，则称 x_j 由 x_i 密度直达。

（4）密度可达：对 x_i 和 x_j，若存在样本序列 p_1，p_2，$\cdots$，p_n，其中 $p_1=x_i$，$p_n=x_j$ 且 p_{i+1} 由 p_i 密度直达，则称 x_j 由 x_i 密度可达。

（5）密度相连：对 x_i 和 x_j，如果存在 x_k 使 x_i 与 x_j 均由 x_k 密度可达，则称 x_i 与 x_j 密度相连。

2. 密度聚类原理

基于上述概念，密度聚类将"簇"定义为由密度可达关系导出的最大密度相连样本集合。从数学角度上讲，即给定邻域参数（$\in$，$MinPts$），簇 $C \sqsubseteq D$ 是满足以下性质的非空样本子集：

（1）连接性：$x_i \in C$，$x_j \in C \Rightarrow x_i$ 和 x_j 密度相连。

（2）最大型：$x_i \in C$，x_j 由 x_i 密度可达 $\Rightarrow x_j \in C$。

不难证明，若 x 为核心对象，则由其密度可达的所有样本组成的集合记为 $X = \{x' \in D \mid x'$ 由 x 密度可达$\}$，满足连接性与最大性。

3. 密度聚类算法

输入：样本集 $D = \{x_1, x_2, \cdots, x_m\}$；邻域参数（$\in$，$MinPts$）。

输出：簇划分 $C = \{C_1, C_2, \cdots, C_k\}$，遍历所有样本，如果样本 x_j 的 $\in$ 邻域满足 $|N_\in(x_j) \geqslant MinPts|$，那么将其加入核心对象集合 $\Omega = \Omega \bigcup \{x_j\}$。

（1）随机抽取一个核心对象 $o \in \Omega$，遍历该核心对象 $\in$ 邻域内的所有样本点 q（包括它自身），如果该样本也是核心对象，则 $\Delta = N_\in(q) \bigcap \Gamma$。

（2）对于步骤（1）中的核心对象，继续搜寻其 $\in$ 邻域内的所有样本点，更新 Δ，生成聚类簇 $C_1 = \Delta$。

（3）继续随机抽取一个核心对象生成聚类簇，重复步骤（1）～（2），直至所有核心对象均被访问过为止。

4. 密度聚类算法优缺点

与 K - means 方法相比，DBSCAN 不需要事先知道要形成的簇类的数量；DBSCAN 可以发现任意形状的簇类；同时，DBSCAN 能够识别出噪声点；DBSCAN 对于数据库中样本的顺序不敏感，即 Pattern 的输入顺序对结果的影响不大。但是，对于处于簇类之间的边界样本，可能会根据哪个簇类优先被探测到而其归属有所摆动。

但是，DBSCAN 不能很好地反映高维数据以及数据集变化的密度；如果样本集的密度不均匀、聚类间距差相差很大，聚类质量就会较差。

7.2.1.3　层次聚类

层次聚类（hierarchical clustering）是一种结构化的聚类方法，最终可以得到多层的聚类结果，其中每个类簇可能包含多个子类簇。因为每个子类簇和父类簇连接，所以这种形式也称为树形聚类（tree clustering）。

层次聚类分为凝聚聚类（agglomerative clustering）和分裂式聚类（divisive clustering）两种。

凝聚聚类的方法是自下而上的，即：①每个样本自身作为一个类簇；②计算与其他类簇的相似度（或距离）；③找到最相似的类簇，然后合并组成新的类簇；④重复上述过程，直到最上层只留下一个类簇。

分裂式聚类是自上而下的方法，过程刚好和凝聚聚类相反。刚开始所有样本属于一个类簇，接下来每一步将每个类簇一分为二，直到所有的样本在底层独自为一个类簇。

自上而下的聚类因为每层分类时都需要引入二级扁平聚类算法，所以会比自下而上的聚类复杂。它的优势在于，当不需要聚类到单个样本各成一类的水平时，其效率会更高。

AGNES（agglomerative nesting）是一种自底向上聚合策略的层次聚类算法，它先将数据集中的每个样本看成一个初始聚类簇，然后在算法运行的每一步中找到最近的两个聚类簇进行合并，该过程不断重复直至达到预设的聚类簇个数，关键在于如何计算两个聚类簇之间的距离。

1. 计算距离的方式

最小距离公式为

$$d_{\min}(C_i, C_j) = \min_{x \in C_i, z \in C_j} dist(x, z)$$

最大距离公式为

$$d_{\max}(C_i, C_j) = \max_{x \in C_i, z \in C_j} dist(x, z)$$

平均距离公式为

$$d_{\text{avg}}(C_i, C_j) = \frac{1}{|C_i||C_j|} \sum_{x \in C_i} \sum_{z \in C_j} dist(x, z)$$

当聚类簇距离分别由 $d_{\min}$，$d_{\max}$ 或 d_{avg} 计算时，AGENS 算法相应地成为"单链接""全链接"或"均链接"算法。

2. 算法

输入：样本集 $D = \{x_1, x_2, \cdots, x_m\}$；聚类簇距离度量函数 d，聚类簇数 k。

输出：簇划分 $C = \{C_1, C_2, \cdots, C_k\}$。

（1）每个样本为单独一类，$C_j = \{x_j\}$。

（2）计算任意两个样本簇间的距离：$M(i, j) = d(C_i, C_j)$。

（3）找到距离最近的两个聚类簇 C_{i*} 和 C_{j*}，将其合并 $C_{i*} = C_{i*} \bigcup C_{j*}$，对于所有下标大于 j 的簇，将聚类簇 C_j 重编号为 C_{j-1}。

（4）根据最新的簇更新步骤（2）计算的簇间距离矩阵。

（5）重复步骤（2）~（4）直至当前聚类簇个数等于预设的聚类簇数 k。

整体来看，所有无监督机器学习算法都遵循一条简单的模式，即给定一系列数据，训练出一个能描述这些数据规律的模型（并期望潜在过程能生成数据）。训练过程通常要反复迭代，直到无法再优化参数获得更贴合数据的模型为止。

7.2.2 基于风电场大数据的 K‐Means 算法编程实践

7.2.2.1 数据源

实验数据取自于某风电场中一台风电机组一年的实测数据，时间间隙为1h，总计8762条数据，共计44条属性，主要包含基本信息、运行信息、发电信息、温度信息等。其中每种类型的信息包含若干属性，如温度信息包含舱外温度、舱内温度、变频器入口温度等。

7.2.2.2　数据预处理

在数据预处理时，以运行信息为例来展示聚类算法。对数据源中的缺失值和明显异常数据采取删除整条记录的方式，并用 SPSS 对数据标准化（也可以用 MLlib 自带的标准化处理数据，后面讲解回归部分会用到），得到处理后的数据存储为 Kmeans-data. csv 文件（CSV 文件格式中的数据默认以"，"分割而不是制表符），通过 Xftp 传输到 hadoop 集群 Master 虚拟机/usr/目录下，处理后的文件内容如图 7-3 所示。

图 7-3　数据预处理后的 RunningInfo

通过 hdfs 命令将该文件传输到 hdfs 上，命令如下：

hadoop dfs – put /usr/Kmeansdata. csv /wppdata/data/

通过 Web UI 可以查看是否已经成功放入到 hdfs 上，如图 7-4 所示。

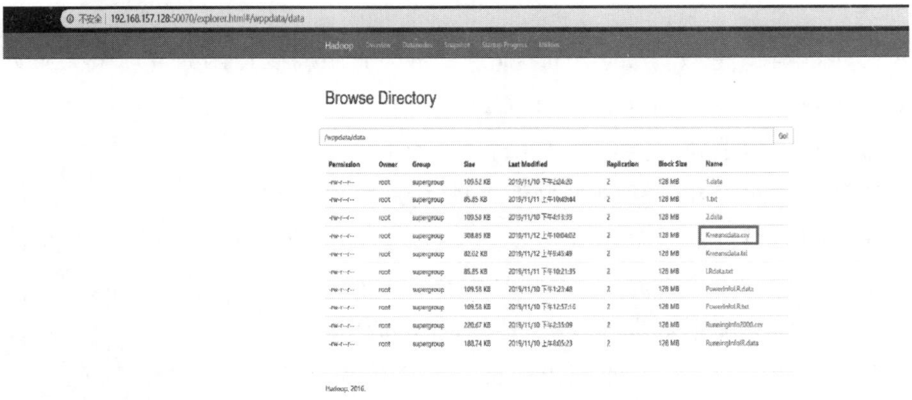

图 7-4　Web UI 查看 hdfs 目录下文件

7.2.2.3　实例代码

首先保证 Hadoop 集群和 Spark 集群都已正常工作，在 Master 虚拟机中输入 spark – shell，进入 scala 命令行，如图 7-5 所示。

在 scala 命令行中，输入如下代码（见附录5）：

通过上述代码运行后，得到聚类结果。这里 setK（2），意思是设置分类的类别数为两类。具体运算结果如图 7-6 所示。

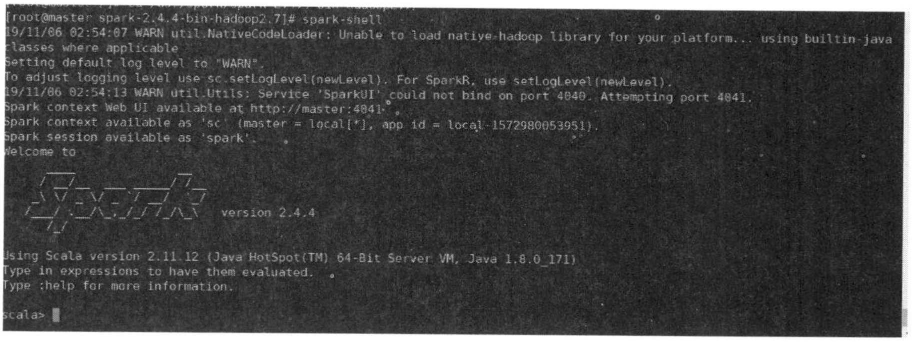

图 7-5 启动 spark-shell

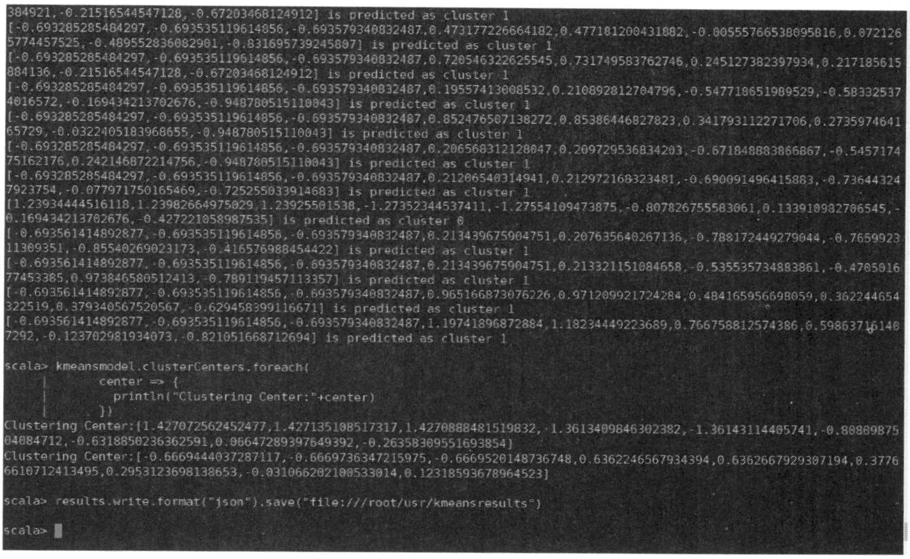

图 7-6　聚类算法运行结果

7.2.2.4　结果分析

从图 7-4 可以看到，聚类算法已经将所有的数据进行分类，得到的结果部分被分为 Cluster 0，部分被分为 Cluster 1。这里需要将导出的分类结果放到原始未被标准化的数据中进行分析。

从代码的最后一行可知，分类结果被存储到本地目录/root/usr/kmeansresults 下。在此目录下找到该文件，并用 Xftp 导出文件到本地机器，用记事本打开，如图 7-7 所示〔其中最后 prediction 就是分类的结果（1 或 0）〕。

通过 Excel 的简单操作，可以将原始数据根据分类结果分为两类，如图 7-8 所示。

图 7-8 中只显示了部分结果，综合完整的结果，可以看到被分为"Cluster 1"的数据有 98.16%以上的运行状态代号显示 100，可以理解为正常工作时的运行状态；

1 {"features":{"type":1,"values":[-0.6932652525484297,-0.6935351196148556,-0.6935753408324887,0.4894666499726273,0.4742773010754,0.0037903349603H59,-0.0138434342124377,0.1964156044615,0.12620606734311]},"prediction":1}
2 {"features":{"type":1,"values":[-0.6932652525484297,-0.6935351196148556,-0.6935753408324887,0.4690544042981159,0.47546576652750,-0.0025256582276476,0.031162400107571,-0.322240519396805,0.22206724353232]},"prediction":1}
3 {"features":{"type":1,"values":[-0.6932652525484297,-0.6935351196148556,-0.6935753408324887,0.6051074117630929,0.5953554079357314,0.0969660089802821,0.1607737674625,-0.215165445471260,0.2220672435323]},"prediction":1}
4 {"features":{"type":1,"values":[-0.6932652525484297,-0.6935351196148556,-0.6935753408324887,0.2214951243679,0.2279349042850,0.2314079190050,-0.443821604314290,0.22206724353232]},"prediction":1}
5 {"features":{"type":1,"values":[-0.6932652525484297,-0.6935351196148556,-0.6935753408324887,0.4676801356420,0.4718446727538,-0.0111444041639,-0.072532468992,-0.260296677239803,0.22206724353232]},"prediction":1}
6 {"features":{"type":1,"values":[-0.6932652525484297,-0.6935351196148556,-0.6935753408324887,0.2065683121204,0.207751678541,-0.321942940517,0.51653426382677,-0.0333904492623752]},"prediction":1}
7 {"features":{"type":1,"values":[-0.6932652525484297,-0.6935351196148556,-0.6935753408324887,0.2230595651921,0.210017877412177,-0.217802292211142,-0.2965738541190,0.1156265300201199]},"prediction":1}
8 {"features":{"type":1,"values":[-0.6932652525484297,-0.6935351196148556,-0.6935753408324887,0.2065683121204,0.206817773880367,-0.444657949405598,-0.330815195994201,0.1156265300201199]},"prediction":1}
9 {"features":{"type":1,"values":[-0.6932652525484297,-0.6935351196148556,-0.6935753408324887,0.2024454084262024,0.206821347157721,-0.337492747228990,-0.109324966773403,0.1156265300201199]},"prediction":1}
10 {"features":{"type":1,"values":[-0.6932652525484297,-0.6935351196148556,-0.6935753408324887,0.2244338577947479,0.2156094389978728,-0.266001046241303,-0.077972750165469,-0.139831154594499]},"prediction":1}
11 {"features":{"type":1,"values":[-0.6935614144092077,-0.6935351196148556,-0.6935753408324887,0.2164911303940707,0.2077228465995743,-0.6230466310966,-0.169434221370276,-0.299452212590016]},"prediction":1}
12 {"features":{"type":1,"values":[0.2393444445161118,1.2398266497505029,1.2393531174672498,-0.322987264456638,-0.3399666923256,0.908954973296353,0.221156545471280,-0.0547959284286]},"prediction":1}
13 {"features":{"type":1,"values":[-0.6935614144092077,-0.6935351196148556,-0.6935753408324887,0.2051940393727506,0.2023427350559180,-0.7080031644186391,0.652727958132184,-0.139831154593499]},"prediction":1}
14 {"features":{"type":1,"values":[-0.6935614144092077,-0.6935351196148556,-0.6935753408324887,0.2078166709692,0.201910556470650,-0.5274042559379,-0.306627959000487,-0.139831154593499]},"prediction":1}
15 {"features":{"type":1,"values":[-0.6935614144092077,-0.6935351196148556,-0.6935753408324887,1.1834762411754,1.19428509924052,1.34290404025677,1.0553045042924,-0.260086677229683,0.6891182059230453]},"prediction":1}
16 {"features":{"type":1,"values":[-0.6935614144092077,-0.6935351196148556,-0.6935753408324887,1.1713077063773,1.1522660071542,1.21333040579730,0.475232845383606,-0.007974504643126,0.209931340020221]},"prediction":1}
17 {"features":{"type":1,"values":[-0.532025710674073,-0.532277509142107,-0.532362692164378,1.14931942229191,1.15932617094753,2.2211748208708,1.7644820258936,-0.352359140777009,1.2158302263]},"prediction":1}
18 {"features":{"type":1,"values":[-0.6932652525484297,-0.6940755016914077,-0.6935753408324887,1.25371293501407,1.1813121436626,1.2537190442799,0.786607665367927,0.5592214514034717,1.26526863757]},"prediction":1}
19 {"features":{"type":1,"values":[-0.6932652525484297,-0.6935351196148556,-0.6930381182187507,1.2021605975021,1.18932614746044,1.6224746283087,0.923676858648854,-0.1277029819340703,1.28518615577734]},"prediction":1}
20 {"features":{"type":1,"values":[-0.6935614144092077,-0.6935351196148556,-0.6930381182187507,1.19161777079742,1.2281027035947,1.461792115921214,0.3484610692493061,-0.1237020819373403,1.18002359515243]},"prediction":1}
21 {"features":{"type":1,"values":[-0.6935614144092077,-0.6935351196148556,-0.6930381182187507,1.1912577073407,0.7234940290236,0.5554741286513672,1.531810175697040,-0.48955286360829021,1.2543542605244231]},"prediction":1}
22 {"features":{"type":1,"values":[-0.6935614144092077,-0.6935351196148556,-0.6938131341533337,0.0421361437543,1.04091604341079,1.17026924709573,1.10483517609000,-0.286477429684757]},"prediction":1}
23 {"features":{"type":1,"values":[-0.6935614144092077,-0.6935351196148556,-0.6938131341533337,0.194199057329979,0.190817174670622,-0.502011573736640,-0.16481930317394,-0.032240581403655,1.2064742968415]},"prediction":1}
24 {"features":{"type":1,"values":[-0.6935614144092077,-0.6935351196148556,-0.6935753408324887,-0.1521168770157509,-0.147770597258698,-0.808365072844404,-0.04534572422772,-0.7182089942557,-0.20993340226271]},"prediction":1}
25 {"features":{"type":1,"values":[1.7913271329109,1.7916613376347,1.7921246226924,-0.391710900233,-0.392155950076560,-0.80752765558061,-0.92985529817493,0.804202075558]},"prediction":0}
26 {"features":{"type":1,"values":[1.7813271329109,1.7916613376347,1.7921246226924,-0.391710900233,-0.392155950076560,-0.80782675558306,-0.39995403485488,-1.97957674741,-0.661933024026]},"prediction":0}
27 {"features":{"type":1,"values":[1.7913271329109,1.7916613376347,1.7921246226924,-0.391710900233,-0.392155950076560,-0.80836672844434,-1.201164265245,-0.135877179757,-0.661933024026]},"prediction":0}
28 {"features":{"type":1,"values":[1.2393444445161118,1.2398266497505029,1.2392550150,-0.391710900233,-0.392155950076560,0.00728247553083061,-0.112208514957,0.2670732160391,1.2545420065024423]},"prediction":0}
29 {"features":{"type":1,"values":[1.2393444445161118,1.2398266497505029,1.2393531174672498,-1.39171090023343,-0.391710900233,-0.80609497739631,-1.204180300100,1.0448513769070,-0.2864742968475]},"prediction":0}
30 {"features":{"type":1,"values":[1.2393444445161118,1.2398266497505029,1.2392550150,-1.39171090023343,-0.392155950076560,-0.80798010035001,-1.20071084900101,-0.055438591403350,-1.69366545242791]},"prediction":0}
31 {"features":{"type":1,"values":[1.2393444445161118,1.2398266497505029,1.2392550150,-1.39171090023343,-0.392155950076560,-0.80609497739631,-1.241463607985,-1.69366545242791]},"prediction":0}
32 {"features":{"type":1,"values":[1.2393444445161118,1.2398266497505029,1.2393531174672498,-1.39171090023343,-0.392155950076560,-1.2775912749069,3.35107063247,-1.69306545242791]},"prediction":0}
33 {"features":{"type":1,"values":[1.2393444445161118,1.2398266497505029,1.2392550150,-1.39171090023343,-0.392155950076560,0.80890949773961511,-1.2775912749069,3.35107063247,-1.69306545242791]},"prediction":0}

图 7 - 7 Spark Mllib 聚类算法分类结果

| 基本信息 | | | | | 运行信息 | | | | | | | | |
风机名	导出时间	连接状	运行状	聚类分	桨角1(°	桨角2(°	桨角3(°	低速轴(RPM	高速轴(RPM	力矩	风速(m/s	风[	机舱方[
L1-W04	2013/1/1 0:00	连接中	100	1	0.01	0	0	13.69	1283.57	2301.53	6.04	5	241
L1-W04	2013/1/1 1:00	连接中	100	1	0.01	0	0	13.54	1284.39	2283.6	6.21	0	250
L1-W04	2013/1/1 2:00	连接中	100	1	0.01	0	0	14.53	1366.84	2565.32	6.69	-4	250
L1-W04	2013/1/1 3:00	连接中	100	1	0.01	0	0	11.74	1114.16	1691.75	5.21	-9	250
L1-W04	2013/1/1 4:00	连接中	100	1	0.01	0	0	13.53	1281.9	2259.19	5.82	-5	250
L1-W04	2013/1/1 5:00	连接中	100	1	0	0	0	11.63	1100.28	1378.55	5.27	12	226
L1-W04	2013/1/1 6:00	连接中	100	1	0	0	0	11.75	1107.34	1673.63	4.98	3	240
L1-W04	2013/1/1 7:00	连接中	100	1	0	0	0	11.63	1099.5	1030.84	4.86	16	240
L1-W04	2013/1/1 8:00	连接中	100	1	0.01	0	0	11.6	1099.64	1334.49	4.94	3	240
L1-W04	2013/1/1 9:00	连接中	100	1	0.01	0	0	11.76	1105.89	1537.06	5.13	-1	216
L1-W04	2013/1/1 10:00	连接中	100	1	0	0	0	11.66	1100.26	525.38	3.73	-3	201
L1-W04	2013/1/1 12:00	连接中	100	1	0	0	0	11.73	1107.16	1674.39	5.56	-6	216
L1-W04	2013/1/1 13:00	连接中	100	1	0	0	0	11.56	1096.56	283.53	4.54	15	216
L1-W04	2013/1/1 14:00	连接中	100	1	0	0	0	11.57	1093.71	668.25	4.75	-6	264
L1-W04	2013/1/1 15:00	连接中	100	1	0	0	0	18.74	1773.23	6096.07	10.02	-5	292
L1-W04	2013/1/1 16:00	连接中	100	1	0	0	0	18.68	1754.65	5728.71	9.35	-17	296
L1-W04	2013/1/1 17:00	连接中	100	1	5.85	5.84	5.84	18.49	1754.69	8584.25	12.66	-7	349
L1-W04	2013/1/1 18:00	连接中	100	1	0.01	-0.02	0	18.7	1769.72	5843.15	9.02	2	348
L1-W04	2013/1/1 19:00	连接中	100	1	0	0	0.01	18.88	1775.32	6888.01	9.53	-2	348
L1-W04	2013/1/1 20:00	连接中	100	1	0	0	0	19.11	1797.12	7030.88	10.2	4	337
L1-W04	2013/1/1 21:00	连接中	100	1	0	0	0.01	18.8	1767.74	6432.72	9.25	-2	340
L1-W04	2013/1/1 22:00	连接中	100	1	0	-0.01	0	15.03	1419.79	2779.71	6.6	-10	347
L1-W04	2013/1/1 23:00	连接中	100	1	0	-0.01	0	17.71	1673.43	3865.2	8.07	3	350
L1-W04	2013/1/2 0:00	连接中	100	1	0	-0.01	0	11.54	1092.76	868.33	4.69	0	350
L1-W04	2013/1/2 10:00	连接中	100	1	4.59	4.6	4.59	19.01	1789.23	8401.33	9.83	4	286
L1-W04	2013/1/2 11:00	连接中	100	1	0	0	0	18.73	1763.37	7609.38	10.47	-4	295
L1-W04	2013/1/2 12:00	连接中	100	1	2.3	2.3	2.3	19.08	1804.51	8393.51	10.1	10	295
L1-W04	2013/1/2 13:00	连接中	100	1	0.01	0	0	19.06	1793.14	5964.84	10.08	11	280
L1-W04	2013/1/2 14:00	连接中	100	1	0	0	0	19.01	1802.11	7406.82	9.05	5	282
L1-W04	2013/1/2 15:00	连接中	100	1	0	0	0	16.62	1569.32	3407.62	7.61	6	320
L1-W04	2013/1/2 16:00	连接中	100	1	0.01	-0.01	0.01	19.1	1805.15	6439.78	9.33	1	310
L1-W04	2013/1/2 17:00	连接中	100	1	0	0	0	18.6	1748.26	8131.24	10.27	0	312
L1-W04	2013/1/2 18:00	连接中	100	1	0	0	0	18.38	1726.41	4103.05	7.54	0	304
L1-W04	2013/1/2 19:00	连接中	100	1	0	0	0	18.63	1767.49	6473.54	9.87	-7	317
L1-W04	2013/1/2 20:00	连接中	100	1	0	0	0	17.84	1759.9	6327.44	10.43	4	311
L1-W04	2013/1/2 21:00	连接中	100	1	1.85	1.86	1.85	18.52	1765.03	8532.37	11.64	-5	313
L1-W04	2013/1/2 22:00	连接中	100	1	0	0	0	18.66	1758.37	6067.65	10.36	-3	327
L1-W04	2013/1/2 23:00	连接中	100	1	0	0	0.01	18.4	1731.48	4167.33	8.03	-19	324
L1-W04	2013/1/3 0:00	连接中	100	1	0	0	0	18.59	1751.03	7373.06	11.36	-5	311
L1-W04	2013/1/3 1:00	连接中	100	1	0	0	0	18.68	1766	7288.37	10.61	-5	301
L1-W04	2013/1/3 3:00	连接中	100	1	0	0	0	17.32	1641.37	3705.17	7.6	3	253
L1-W04	2013/1/3 4:00	连接中	100	1	0	0	0	17.98	1698.99	3948.36	7.65	-6	262

图 7 - 8 原始数据聚类算法分类结果

被分为"Cluster 0"的数据有100％运行状态代号显示非100，可以理解为非正常运行的状态。由以上结果可知，聚类算法可以很好地将正常运行的风电机组数据与非正常运行的风电机组数据区分开来。

7.3　风电场大数据的分类方法

7.3.1　分类算法

分类通常指将事物分成不同的类别。在分类模型中，期望根据一组特征来判断事物的类别，这些特征代表了与物品、对象、事件或上下文相关的属性（变量）。

最简单的分类形式是分为两个类别，即二分类。一般将其中一类标记为正类（记为1），另外一类标记为负类（记为−1或者0）。如果不止两类，则称为多类别分类，这时的类别一般从0开始进行标记（比如，5个类别用数字0～4表示）。

分类是监督学习的一种形式，用带有类标记或者类输出的训练样本训练模型（也就是通过输出结果监督被训练的模型）。

常见的3种分类模型分别是线性模型、决策树和朴素贝叶斯模型。线性模型相对简单，而且相对容易扩展到非常大的数据集；决策树是一种强大的非线性技术，训练过程计算量大并且较难扩展，但是在很多情况下性能很好；朴素贝叶斯模型简单、易训练，并且具有高效和并行的优点（实际中，模型训练只需要遍历整个数据集一次）。当采用合适的特征工程时，这些模型在很多应用中都能达到不错的性能。朴素贝叶斯模型还可以作为一个很好的模型测试基准，用于度量其他模型的性能。

目前，Spark的MLlib库提供了基于线性模型、决策树和朴素贝叶斯的二分类模型，以及基于决策树和朴素贝叶斯的多类别分类模型。

7.3.1.1　决策树算法

决策树是一种基本的分类与回归方法。其本质是通过局部最优方式，从训练数据集上归纳出一组分类规则。决策树模型呈树形结构，在分类问题中，表示基于特征对实例进行分类的过程，可以认为是if - then规则的集合，也可以认为是定义在特征空间与类空间上的条件概率分布。其主要优点是模型具有可读性，分类速度快。学习时，利用训练数据，根据损失函数最小化的原则建立决策树模型。预测时，对新的数据，利用决策树模型进行分类。

分类决策树模型是对实例进行分类的树形结构的一种描述。决策树由节点和有向边组成。节点有内部节点和叶节点两种类型。内部节点表示一个特征或属性，叶节点表示一个类。用决策树分类，从根节点开始，对实例的某一特征进行测试，根据测试结果，将实例分配到其子节点；这时，每一个子节点对应该特征的一个取值。如此递归地对实例进行测试并分类，直至达到叶节点。最后将实例分到叶节点的类中。

决策树学习的算法通常是一个递归的选择最优特征，并根据该特征对训练数据进行分割，使得对各个子数据集有一个最好的分类过程。开始，构建根节点，将所有训练数据都放在根节点。选择一个最优特征，按照这个特征将训练数据集分割成子集，使得各个子集有一个在当前条件下最好的分类。如果这些子集已经能够被基本正确分类，那么构建叶节点，并将这些子集分到所对应的叶节点中去；如果还有子集不能被基本正确分类，那么就对这些子集选择新的最优特征，继续对其进行分割，构建相应的节点。如此递归地进行下去，直至所有训练数据子集被基本正确分类，或者没有合适的特征为止。最后每个子集都被分到叶节点上，即有了明确的类。这就生成了一棵决策树。

以上方法生成的决策树可能对训练数据有很好的分类能力，但对未知的测试数据可能过拟合。需要对已生成的树自下而上进行剪枝，将树变得更简单，从而使它具有更好的泛化能力。具体的就是去掉过于细分的叶节点，使其退回到父节点，甚至更高的节点，然后将其改为新的叶节点。若特征较多，在决策树学习开始时，对特征进行选择，只留下对训练数据有足够分类能力的特征。

决策树学习通常包括特征选择、决策树的生成和决策树的剪枝 3 个步骤。

1. 特征选择

选择特征的标准是找出局部最优的特征，判断一个特征对于当前数据集的分类效果。也就是按照这个特征进行分类后，数据集是否更加有序（不同分类的数据被尽量分开）。

在当前节点用哪个属性特征作为判断进行切分（也叫分裂规则），取决于切分后节点数据集合中的类别（分区）的有序（纯）程度。划分后的分区数据越纯，那么当前分裂规则就越合适。衡量节点数据集合的有序性（纯度）有熵、基尼和方差。其中熵和基尼是针对分类的，方差是针对回归的。

（1）熵。

1）信息量。信息量由这个事件发生的概率所决定的。经常发生的事件是没有信息量的，只有小概率事件才有信息量，所以信息量的定义为

$$I_e = -\log_2 p_i \tag{7-2}$$

2）信息熵。熵，就是信息量的期望，因此，信息熵的公式为

$$H(x) = E[I(x)] = \sum_{i=1}^{n} p(x_i) I(x_i) = -\sum_{i=1}^{n} p(x_i) \log_b p(x_i) \tag{7-3}$$

条件熵的公式为

$$H(x \mid y) = -\sum_{i=1}^{n} p(x_i \mid y) \log_b p(x_i \mid y) \tag{7-4}$$

3）信息增益。分类前，数据不确定性强，熵比较高；分类后，数据比较有序，

不确定性降低，熵也比较低。信息增益就是用于定义熵的这种变化。

信息增益的定义为：特征 A 对训练数据集 D 的信息增益 $g(D，A)$，定义为集合 D 的经验熵 $H(D)$ 与特征 A 在给定条件下 D 的经验条件熵 $H(D|A)$ 之差，即

$$g(D,A)=H(D)-H(D|A) \tag{7-5}$$

其中，$H(D)$ 根据信息熵的公式计算得到。

D 根据 A 分为 n 份 $D_1，\cdots，D_n$，那么 $H(D|A)$ 就是所有 $H(D_i)$ 的期望，即

$$H(D \mid A) = \sum_{i=1}^{n} \frac{|D_i|}{|D|} H(D_i) \tag{7-6}$$

4）信息增益比。单纯的信息增益只是个相对值，因为其依赖于 $H(D)$ 的大小，所以信息增益比更能客观地反映信息增益。

信息增益比的定义为：特征 A 对训练数据集 D 的信息增益比 $g_R(D，A)$ 定义为其信息增益 $g(D，A)$ 与分裂信息熵 $\mathrm{split\_info}(A)$ 之比，即

$$g_R(D,A)=\frac{g(D,A)}{\mathrm{split}_{\mathrm{info}(A)}} \tag{7-7}$$

其中

$$\mathrm{split}_{\mathrm{info}(A)} = H(A) = -\sum_{j=1}^{v} \frac{|D_j|}{|D|} \log_2 \left(\frac{|D_j|}{|D|} \right)$$

（2）基尼。基尼的定义公式为

$$\sum_{i=1}^{C} f_i(1-f_i) \tag{7-8}$$

式中　f_i——某个分区内的第 i 个标签的频率；

　　　C——该分区中的类别总数。

基尼不纯度度量的是类型被分错的可能性。对于信息增益和信息增益比参照上述在熵中的定义。

（3）方差。方差的定义公式为

$$\frac{1}{N} \sum_{i=1}^{N} (y_i - \mu)^2 \tag{7-9}$$

式中　y_i——某个实例的标签；

　　　N——实例的总数；

　　　μ——所有实例的均值。

对于信息增益和信息增益比参照上述在熵中的定义。

2. 决策树的生成

ID3 算法是一种贪心算法，用来构造决策树。ID3 算法起源于概念学习系统（CLS），以信息熵的下降速度为选取测试属性的标准，即在每个节点选取还尚未被用来划分的具有最高信息增益的属性作为划分标准，然后继续这个过程，直到生成的决

策树能完美分类训练样例。ID3 算法的核心是在决策树各个节点上应用信息增益准则选择特征，递归地构建决策树。算法过程如下：

输入：训练数据集 D、特征集 A、阈值 ε。

输出：决策树 T。

（1）若 D 中的所有实例属于同一类 C_k，则 T 为单节点树，并将 C_k 作为该节点的类标记，返回 T。

（2）若 $A = \phi$，则 T 为单节点树，并将 D 中实例数最大的类 C_k 作为该节点的类标记，返回 T。

（3）否则，按照特征选择算法（熵、基尼、方差等）计算 A 中各特征对 D 的信息增益，选择信息增益最大的特征 A_g。

1）如果 A_g 的信息增益小于阈值 ε，则置 T 为单节点树，并将 D 中实例数最大的类 C_k 作为该节点的类标记，返回 T。

2）否则，对 A_g 的每一可能值 a_i，依据 $A_g = a_i$ 将 D 分割为若干非空子集 D_i，将 D_i 中实例数最大的类作为标记，构建子节点，由节点及其子节点构成树 T，返回 T。

（4）对第 i 个子节点，以 D_i 为训练集，以 $A - \{A_g\}$ 为特征集，递归地调用（1）、（2）、（3），得到子树 T_i，返回 T_i。

3. 决策树的剪枝

顺着决策树（规则）的起点（根节点）出发，最终都有且只有一条路径到达某一个具体的叶节点（具体的分类），并且不会出现实例无法分类的情况。但是可能会存在过拟合的情况，所以需要通过剪枝来提高泛化能力。剪枝的主要思路是，在决策树对训练数据的预测误差和树复杂度之间找一个平衡。

预测误差就是所有叶节点的经验熵的和，公式定义为

$$C(T) = \sum_{t=1}^{|T|} N_t H_t(T) = -\sum_{t=1}^{|T|} \sum_{k=1}^{|K|} N_{tk} \log \frac{N_{tk}}{N_t} \qquad (7-10)$$

式中　N_t——该叶节点的样本点个数；

$H_t(T)$——该叶节点的经验熵；

$|T|$——树 T 的叶节点个数。

剪枝的标准由极小化损失函数来表示，其定义为

$$C_\alpha(T) = C(T) + \alpha |T| \qquad (7-11)$$

式中　α——调节参数，其越大表示选择越简单的树，而越小表示选择越复杂的树，即对训练集拟合度高的树。

树的剪枝算法是从叶节点往上回溯，比较剪掉该叶节点前后的损失函数的值，如果剪掉后损失更小就剪掉该叶节点，具体流程如下：

输入：生成算法产生的整个树 T，参数 α。

输出：修剪后的子树 T_α。

（1）计算每个节点的经验熵。

（2）递归地从树的叶节点向上回溯，假设其中一组叶节点回溯到其父节点之前与之后的整体树分别为 T_B 和 T_A，对应的损失函数值分别是 $C_\alpha(T_A)$ 和 $C_\alpha(T_B)$，如果 $C_\alpha(T_A) \leqslant C_\alpha(T_B)$，则进行剪枝，即将父节点变为新的叶节点。

（3）返回（2），直至不能继续为止，最终得到损失函数最小的子树 T_α。

4. 树集成模型

集成模型指将基础模型组合成为一个模型。Spark 支持随机森林和梯度提升树两种主要的集成算法。

（1）随机森林。随机森林即决策树的集成，它由多个决策树组合而成。如决策树一样，随机森林能处理类别特征、支持多分类而且不需要特征缩放。Spark MLlib 的随机森林算法同时支持二分类和多类别分类，以及连续型和类别型特征上的回归。

（2）梯度提升树。梯度提升树是决策树的集成，它迭代地对决策树进行训练以最小化损失函数，能处理类别型特征、支持多类别分类且不需要特征缩放。Spark MLlib 中的梯度提升树是通过现有决策树的实现而实现的，它同时支持分类和回归。

（3）多层感知分类器。神经网络是一个复杂的自适应系统，它会借助各权重的变更而改变信息流，进而改变自己的内部结构。针对多层神经网络的权重优化过程也称为反向传播（backpropagation）。反向传播超出了本书讨论范围，另也涉及激活函数和基本的微积分知识。

多层感知分类器（multilayer perception classifier）基于前向反馈（feed-forward）人工神经网络。它由多个神经层构成，每层都与下一层全连接。其输入层的各节点对应输入数据，其他节点都会对经该节点的输入、相应的权重和偏置（bias）进行线性组合，再应用一个激活函数（activation function）或连接函数后，映射为对应的输出。

7.3.1.2　支持向量机算法

1. 数学模型

支持向量机（SVM）是一个分类器，它能够将不同类的样本在样本空间中进行分隔，其中生成的分隔面称为分隔超平面。给定一些标记（Label）好的训练样本（监督式学习），支持向量机算法输出一个最优化的分隔超平面。

支持向量机算法的实质是找出一个能够将某个值最大化的超平面，这个值就是超平面离所有训练样本的最小距离。这个最小距离用支持向量机术语来说称为间隔，即最优分隔超平面最大化训练数据的间隔。

超平面的表达式为

$$f(x) = \boldsymbol{w}_0 + \boldsymbol{w}^\mathrm{T} x \tag{7-12}$$

式中　$\boldsymbol{w}$——权重向量；

　　$\boldsymbol{w}_0$——偏置。

最优超平面可以有无数种表达方式，即通过调整参数 $\boldsymbol{w}$ 和 $\boldsymbol{w}_0$，最优超平面为

$$|\boldsymbol{w}_0 + \boldsymbol{w}^\mathrm{T} x| = 1 \tag{7-13}$$

式中　x——离超平面最近的那些点，这些点称为支持向量，该超平面也称为最优超平面。

通过几何学的知识可知点 $\boldsymbol{x}$ 到超平面 $(\boldsymbol{w}, \boldsymbol{w}_0)$ 的距离为

$$distance = \frac{\boldsymbol{w}_0 + \boldsymbol{w}^\mathrm{T} \boldsymbol{x}}{\| \boldsymbol{w} \|} \tag{7-14}$$

对于最优超平面，表达式中的分子为 1，因此支持向量到最优超平面的距离为

$$distance = \frac{\boldsymbol{w}_0 + \boldsymbol{w}^\mathrm{T} \boldsymbol{x}}{\| \boldsymbol{w} \|} = \frac{1}{\| \boldsymbol{w} \|} \tag{7-15}$$

之前介绍了间隔，这里表示为 M，它的取值是最近距离的 2 倍，即

$$M = \frac{2}{\| \boldsymbol{w} \|} \tag{7-16}$$

最后，最大化 M 转化为最小化 $L(\boldsymbol{w})$，其中包含的限制条件为超平面将所有训练样本 x_i 正确分类，即

$$\min_{\beta, \beta_0} L(\boldsymbol{w}) = \frac{1}{2} \| \boldsymbol{w} \|^2 \tag{7-17}$$

约束条件为

$$y_i(\boldsymbol{w}^\mathrm{T} x_i + \boldsymbol{w}_0) \geqslant 1$$

式中　y_i——样本的类别标记。

这是一个拉格朗日优化问题，可以通过拉格朗日乘数法得到最优超平面的权重向量 $\boldsymbol{w}$ 和偏置 $\boldsymbol{w}_0$。

2. 拉格朗日乘数法

重新回到支持向量机的优化问题

$$\min_{r, w, b} \frac{1}{2} \| \boldsymbol{w} \|^2 \tag{7-18}$$

约束为

$$y^{(i)} [\boldsymbol{w}^\mathrm{T} \boldsymbol{x}^{(i)} + b] \geqslant 1。$$

将约束条件改写为

$$g_i(\boldsymbol{w}) = -y^{(i)} [\boldsymbol{w}^\mathrm{T} \boldsymbol{x}^{(i)} + b] + 1 \leqslant 0 \tag{7-19}$$

从约束条件可知只有函数间隔是 1（离超平面最近的点）的线性约束式前面的系数 $\alpha_i > 0$，也就是说这些约束式 $g_i(\boldsymbol{w}) = 0$，对于其他的不在线上的点 $[g_i(\boldsymbol{w}) < 0]$，

极值不会在其所在的范围内取得，因此前面的系数 $\alpha_i = 0$。注意每一个约束式实际就是一个训练样本。

按照对偶问题的求解步骤进行求解，即

$$d^* = \max_{\alpha,\beta;\alpha_i \geqslant 0} \min_w L(w,a,b) \qquad (7-20)$$

（1）首先求解 $L(w, a, b)$ 的最小值。对于固定的 α_i，$L(w, a, b)$ 的最小值只与 w 和 b 有关，对 w 和 b 分别求偏导数。

$$\frac{\partial L(w,a,b)}{\partial w} = w - \sum_{i=1}^m \alpha_i y^{(i)} x^{(i)} = 0 \qquad (7-21)$$

$$\frac{\partial L(w,a,b)}{\partial b} = \sum_{i=1}^m \alpha_i y^{(i)} = 0 \qquad (7-22)$$

（2）得到权重向量为

$$w = \sum_{i=1}^m \alpha_i y^{(i)} x^{(i)} \qquad (7-23)$$

（3）然后将式（7-23）带回拉格朗日函数中，得到该函数的最小值（目标函数是凸函数）。代入后，化简过程为

$$L(w,b,\alpha) = \frac{1}{2} \| w \|^2 - \sum_{i=1}^m \alpha_i \{ y^{(i)} [w^T x^{(i)} + b] - 1 \}$$

$$= \sum_{i=1}^m \alpha_i - \frac{1}{2} \sum_{i=1,j=1}^m y^{(i)} y^{(j)} \alpha_i [x^{(i)}]^T x^{(j)} - b \sum_{i=1}^m \alpha_i y^{(i)} \qquad (7-24)$$

最后得到

$$L(w,b,\alpha) = \sum_{i=1}^m \alpha_i - \frac{1}{2} \sum_{i=1,j=1}^m y^{(i)} y^{(j)} \alpha_i [x^{(i)}]^T x^j - b \sum_{n=1}^m \alpha_i y^{(i)} \qquad (7-25)$$

（4）由于最后一项是 0，因此简化为

$$L(w,b,\alpha) = \sum_{i=1}^m \alpha_i - \frac{1}{2} \sum_{i=1,j=1}^m y^{(i)} y^{(j)} \alpha_i [x^{(i)}]^T x^{(j)} \qquad (7-26)$$

这里将向量内积 $[x^{(i)}]^T x^{(j)}$ 表示为 $<x^{(i)}, x^{(j)}>$。此时的拉格朗日函数只包含变量 α_i。

（5）极大化的过程为

$$d^* = \max_{\alpha,\beta;\alpha_i \geqslant 0} \min_w L(w,\alpha,\beta)$$

$$\max_a W(\alpha) = \sum_{i=1}^m \alpha_i - \frac{1}{2} \sum_{i,j=1}^m y^{(i)} y^{(j)} \alpha_i \alpha_j <x^{(i)}, x^{(j)}> \qquad (7-27)$$

约束条件为

$$\alpha_i \geqslant 0, \sum_{i=1}^m \alpha_i y^{(i)} = 0 。$$

由于目标函数和线性约束都是凸函数，而且这里不存在等式约束 h。存在 w 使得

对于所有的 i，$g_i(\boldsymbol{w}) < 0$。因此，一定存在 $\boldsymbol{w}^*$，α^* 使得 $\boldsymbol{w}^*$ 是原问题的解，α^* 是对偶问题的解。在这里，求 α_i 就是求 α^* 了。

如果求出了 α_i，根据 $\boldsymbol{w} = \sum_{i=1}^{m} \alpha_i \boldsymbol{y}^{(i)} \boldsymbol{x}^i$ 即可求出 $\boldsymbol{w}$（也是 $\boldsymbol{w}^*$，原问题的解），然后有

$$b^* = -\frac{\max_{i:y^{(i)}=-1} \boldsymbol{w}^{*\mathrm{T}} \boldsymbol{x}^{(i)} + \min_{i:y^{(i)}=1} \boldsymbol{w}^{*\mathrm{T}} \boldsymbol{x}^{(i)}}{2} \qquad (7-28)$$

即可求出 b，即离超平面最近的正的函数间隔要等于离超平面最近的负的函数间隔。

这里考虑另外一个问题，由于前面求解中得到

$$\boldsymbol{w} = \sum_{i=1}^{m} \alpha_i \boldsymbol{y}^{(i)} \boldsymbol{x}^{(i)} \qquad (7-29)$$

出发点是 $\boldsymbol{w}^{\mathrm{T}} \boldsymbol{x} + b$，根据求解得到的 α_i，代入式（7-29）得到

$$\boldsymbol{w}^{\mathrm{T}} \boldsymbol{x} + b = \Big[\sum_{i=1}^{m} \alpha_i \boldsymbol{y}^{(i)} \boldsymbol{x}^{(i)}\Big]^{\mathrm{T}} x + b = \sum_{i=1}^{m} \alpha_i \boldsymbol{y}^{(i)} < \boldsymbol{x}^{(i)}, \boldsymbol{x} > + b \qquad (7-30)$$

对于新点 x 的预测，只需要计算它与训练数据点的内积即可（$<\boldsymbol{x}_1, \boldsymbol{x}>$ 表示向量内积）。

到目前为止，支持向量机还比较弱，只能处理线性的情况，不过，在得到对偶形式后，通过 Kernel 推广到非线性的情况就变成了一件非常容易的事情。在线性不可分的情况下，支持向量机的处理方法是选择一个核函数 $k(x_1, x)$，通过将数据映射到高维空间来解决在原始空间中线性不可分的问题。

7.3.1.3 贝叶斯分类算法

1. 贝叶斯定理

贝叶斯定理是关于随机事件 A 和 B 的条件概率（或边缘概率）的一则定理。通常，事件 A 在事件 B（发生）的条件下的概率，与事件 B 在事件 A 的条件下的概率是不一样的；然而，这两者有确定的关系，即贝叶斯法则，其中 $L(A|B)$ 是在 B 发生的情况下 A 发生的可能性。在贝叶斯中的相关术语定义如下：

（1）$p(A)$ 是 A 的先验概率或边缘概率。之所以称为"先验"，是因为它不考虑任何 B 方面的因素。

（2）$p(A|B)$ 是已知 B 发生后 A 的条件概率，也由于得自 B 的取值而被称作 A 的后验概率。

（3）$p(B|A)$ 是已知 A 发生后 B 的条件概率，也由于得自 A 的取值而被称作 B 的后验概率。

（4）$p(B)$ 是 B 的先验概率或边缘概率，也称为标准化常量。

$p(A|B)$ 表示事件 B 已经发生的前提下，事件 A 发生的概率称为事件 B 发生下事件 A 的条件概率。其基本公式为

$$p(A \mid B) = \frac{p(AB)}{p(B)} \qquad (7-31)$$

贝叶斯定理之所以有用，是因为在生活中经常遇到这种情况：$p(A \mid B)$ 可以很容易直接得出，$p(B \mid A)$ 则很难直接得出。但我们更关心 $p(B \mid A)$，贝叶斯定理就成为从 $p(A \mid B)$ 获得 $p(B \mid A)$ 的道路。贝叶斯定理公式为

$$p(B, A) = \frac{p(A \mid B) p(B)}{p(A)} \qquad (7-32)$$

2. 朴素贝叶斯分类

朴素贝叶斯分类是一种十分简单的分类算法，其基础思想是：对于给出的待分类项，求解在此项出现的条件下各个类别出现的概率，哪个最大，就认为此待分类项属于哪个类别。

朴素贝叶斯分类的定义如下：

(1) 设 $x = \{a_1, a_2, \cdots, a_m\}$ 为一个待分类项，而每个 a 为 x 的一个特征属性。

(2) 有类别集合 $C = \{y_1, y_2, \cdots, y_n\}$，计算各类别的先验概率，并取对数，计算公式为

$$p(i) = \log[p(y_i)] = \log[(i\ 类别的次数 + 平滑因子)/(总次数 + 类别数 \times 平滑因子)] \qquad (7-33)$$

(3) 计算各类别下各个特征属性的条件概率估计，并取对数

$$theta(i)(j) = \log[p(a_j \mid y_i)] = \log(sumTermFreqs(j) + 平滑因子) - thetaLogDenom \qquad (7-34)$$

式中　$theta(i)(j)$——i 类别下 j 特征的概率；

$sumTermFreqs(j)$——特征 j 出现的次数。

$thetaLogDenom$ 分为如下模式：

1) 多项式模型。

$$thetaLogDenom = \log(sumTermFreqs.values.sum + numFeatures.lambda) \qquad (7-35)$$

对于文本分类，$sumTermFreqs.values.sum$ 解释为类 i 下的单词总数，$numFeatures$ 是特征数量，$lambda$ 是平滑因子。

2) 伯努利模型。

$$thetaLogDenom = \log(n + 2.0lambda) \qquad (7-36)$$

对于文本分类，n 解释为类 i 下的文章总数，$lambda$ 是平滑因子。

(4) 计算 $p(y_1 \mid x)$，$p(y_2 \mid x)$，$\cdots$，$p(y_n \mid x)$。

各个特征属性是条件独立的，根据贝叶斯定理有如下推导

$$p(y_i \mid x) = \frac{p(x \mid y_i) p(y_i)}{p(x)} \qquad (7-37)$$

因为分母 $p(x)$ 对于所有类别为常数，所以只要将分子最大化即可。又因为各特征属性是条件独立的，所以有

$$p(x \mid y_i)p(y_i) = p(a_1 \mid y_i)p(a_2 \mid y_i)\cdots p(a_m \mid y_i)p(y_i) = p(y_i)\prod_{j=1}^{m}p(a_j \mid y_i)$$

$$(7-38)$$

对式 (7-38) 取对数，为

$$\log_2[p(x \mid y_i)p(y_i)] = \log[p(y_i)] + \sum_{j=1}^{m}\log_2[p(a_j \mid y_i)] \qquad (7-39)$$

(5) 如果 $p(y_k|x) = max\{p(y_1|x), p(y_2|x), \cdots, p(y_n|x)\}$，即 $\log_2[p(y_k|x)] = max\{\log_2[p(y_1|x)], \log_2[p(y_2|x)], \cdots, \log_2[p(y_n|x)]\}$，则 $x \in y_k$。

7.3.2　基于风电场大数据的决策树分类算法编程实践

7.3.2.1　数据源

数据源仍采用风电场大数据的聚类分析，例如选择温度信息的数据，通过温度信息可以反映出风电机组正常与异常的运行状况。分类算法属于监督学习范畴，所以决策树分类算法需要预先给定属性的分类类别，以数据源中运行状态属性的数据代表风电机组正常工作和异常工作的状态。因此，以运行状态这一属性作为分类标签，其中数据运行状态代码 100 的设置为分类类别 1（代表正常），运行状态代码其余的设置为分类类别 0（代表异常）。选取训练数据量为 70%，测试数据量为 30%，对训练数据给定准确的分类类别，也就是对应运行状态代码为 100，分类标签赋值 1，其余的赋值 0；对余下的 30% 测试数据的标签设置同训练集一样。通过决策树对测试数据进行分类。

7.3.2.2　数据预处理

将温度信息数据和之前修改好的标签列拷贝到新的 Excel 文件中，去掉字段名，另存为 csv 文件（csv 文件每列数据以逗号分隔），如图 7-9 所示（其中第一列为分类标签列，其余为温度信息属性列，即特征，如舱外温度、舱内温度等）。

将上述 csv 文件通过 xftp 传输到 Hadoop 集群 Master 虚拟机/usr/目录下，然后通过 hdfs 命令将该文件传输到 HDFS 上，命令为

```
hadoop dfs -put /usr/DTdata.csv /wppdata/data/
```

由于 libsvm 格式在 Spark MLlib 上比较常用，很多关于 Spark MLlib 书籍中的代码示例都是对 libsvm 数据进行处理，这里演示如何将 csv 文件转换为 libsvm 格式。

7.3.2.3　实例代码

首先保证 Hadoop 集群和 Spark 集群都已正常工作，在 Master 虚拟机中，输入

1	1	-4.8	25.3	51	-0.6	52.2	50.6	58.5	66.3	30.1	43.4	43.4	59.7
2	1	-5.3	26.8	53	-1.3	54.1	52.2	60.5	67.7	30.7	46.3	45.3	63
3	1	-5.4	26.3	52	-1	55.4	53.1	61.3	69.2	30.7	44.3	44.6	62.4
4	1	-5.6	23.6	53	-1.9	54.3	52.5	57.3	64.4	29.9	42.8	44.3	57.6
5	1	-5.6	26.2	52	-1.5	54.7	52.5	59.8	66.4	29.8	45.1	45	63
6	1	-5.3	24.6	52	-1.6	53.5	51.7	57	63.8	29	42.8	44.5	62.1
7	1	-5.1	26.5	53	-1.9	53	51.7	56.3	62.4	28.8	45.3	45.7	63.5
8	1	-5.4	20.9	53	-1.6	53.2	51.7	57	63.9	28.4	43.9	45.6	60.5
9	1	-4.4	25.6	52	-1.3	51.9	50.6	55.7	61.9	28.2	43.9	45	62.6
10	1	-3.9	24.8	51	-0.4	51.3	49.7	54.6	61.4	28.1	41.7	44.3	61
11	1	-2.8	22.8	51	2.2	50.1	47.7	50.2	53.6	27.6	40.4	43.9	57.2
12	0	-1	24.9	51	4.4	49.1	45.7	49.2	52.2	27.5	44.2	45.6	64.3
13	1	-1.4	24.9	51	4.5	47.6	47.2	48.5	55.8	26.2	42	43.2	56.9
14	1	-1	26.2	52	6.8	48.4	48.2	51.6	57.7	27.5	44.4	44.2	61
15	1	-1	27.7	53	8	50.5	48.6	57.6	64.6	28.4	45.7	45.9	62.9
16	1	-3.7	20.8	53	7.1	56.9	55.6	64.4	73.8	31.9	39.2	45	65.5
17	1	-5	16.9	47	5.9	56.5	55.6	64.1	73.5	35	29.8	40.8	59.2
18	1	-7.3	13.1	46	5.4	53.5	39.8	62.1	71.9	35.6	29.3	45.9	69.8
19	1	-8.2	10.3	41	5.6	51.9	39.5	60.1	71	36.4	21.1	44.3	67.9
20	1	-8.3	12.3	38	4.5	56.6	55.4	62.4	73.3	37.2	22.7	40.6	60.4
21	1	-8.8	10.5	37	4.4	57.7	56.2	63.4	74.7	37.8	18.7	36.1	61.8
22	1	-9.1	12.8	37	3	56.8	53.9	62.9	73.5	37.3	26.4	37.9	59.7
23	1	-9.1	19.9	40	-0.3	55	52.5	60.5	69.1	36.3	34.3	39.8	61
24	1	-9.6	23.9	46	-1.3	57.2	55.7	63.8	72.4	35	42.8	43.4	65.1
25	1	-9.9	18.6	47	-3.2	54.1	53	54.8	60.2	32.1	39.4	43.1	63.2
26	0	-9.7	19.9	46	-4.2	50.2	46.8	50.8		28.7	38	41.7	60.5
27	0	-10.6	16.6	45	-4.4	48.4	42.7	39.8	47	24.4	37.2	40.1	60.7
28	0	-10.8	13.7	43	-4.9	46	39.2	33.9	42.3	21.3	33.8	36.3	56.7
29	0	-10.9	11.7	40	-5.3	43.5	36.5	29.9	38.6	19.1	30.5	32.6	52.5

图 7 - 9　分类数据显示

spark - shell，进入 scala 命令行。在 scala 命令行中，输入的代码见附录 6。

通过上述代码得到决策树分类算法的运行结果，如图 7 - 10 所示。

图 7 - 10　决策树分类算法运行结果

7.3.2.4　结果分析

从图 7 - 10 中显示的前 15 个预测值与真实值的对比可知，真实标签与预测标签完全相同。总体模型预测误差如图 7 - 11 所示。

从图 7 - 11 可以看出，模型的错误率是 0.05281090289608177，即 5% 左右，说明准确率达到了 95% 左右。这个结果并不是非常理想，原因可能是所采用的训练集数据不足，仅为 6133 条（8762×0.7），实际生产中会搜集到更多的数据来为决策树模型提供更多的训练数据，从而提高模型的准确率。

```
scala> val testErr = labelAndPreds.filter(r => r._1 != r._2).count.toDouble / testData.count()
testErr: Double = 0.05281090289608177

scala>     println("Test Error = " + testErr)
Test Error = 0.05281090289608177
```

图 7 - 11　决策树分类算法总体模型预测误差

7.4　风电场大数据的回归方法

7.4.1　回归算法

分类模型处理表示类别的离散变量，回归模型则处理可以取任意实数的目标变量。但是两者基本的原则类似，都是通过确定一个模型，将输入特征映射到预测的目标变量。回归模型和分类模型都是监督学习的一种形式。回归模型的主要作用是可以用来预测任何目标变量。回归模型定义一个因变量与一个或多个自变量之间的关系，旨在构建能最好地拟合特征或自变量值的模型。

7.4.1.1　线性回归算法

1. 数学模型

线性回归是利用数理统计中的回归分析来确定两种或两种以上变量间相互依赖的定量关系的一种统计分析方法，运用十分广泛。其目的是找到一条直线或者一个平面或者更高维的超平面，使得预测值与真实值之间的误差最小化。

回归分析中只包括一个自变量和一个因变量，且两者的关系可用一条直线近似表示，这种回归分析称为一元线性回归分析。如果回归分析中包括两个或两个以上的自变量，且因变量和自变量之间是线性关系，则称为多元线性回归分析。

无论是一元线性方程还是多元线性方程，可统一写成如下的格式

$$h_\theta(x) = \sum_{i=0}^{n} \theta_i x_i = \boldsymbol{\theta}^{\mathrm{T}} \boldsymbol{X} \tag{7-40}$$

其中 x_i 是自变量，$h_\theta(x)$ 是因变量，求线性方程则演变成了求方程的参数 $\boldsymbol{\theta}^{\mathrm{T}}$。对于 $\boldsymbol{\theta}^{\mathrm{T}}$ 的求解，需要一个机制去评估 $\boldsymbol{\theta}$ 是否最优，因此需要对所得的 $h_\theta(x)$ 函数进行评估，一般用损失函数来描述 $h_\theta(x)$ 不好的程度，损失函数定义如下

$$J(\boldsymbol{\theta}) = \frac{1}{2} \sum_{i-1}^{m} \left[h_\theta(x^{(i)}) - y^{(i)} \right]^2 \tag{7-41}$$

目的是求得在损失函数 $J(\boldsymbol{\theta})$ 取最小值时的 $\boldsymbol{\theta}^{\mathrm{T}}$，即 $min_\theta J_\theta$。

损失函数是 $x^{(i)}$ 的估计值与真实值 $y^{(i)}$ 之差的平方和，其中 $\frac{1}{2}$ 系数是为了在求导的时候使得系数为 1。如何调整 $\boldsymbol{\theta}^{\mathrm{T}}$ 使得 $J(\boldsymbol{\theta})$ 取得最小值有很多方法，这里主要介绍

最小二乘法和梯度下降法。

2. 最小二乘法

最小二乘法（又称最小平方法）是一种数学优化技术。它通过最小化误差的平方和寻找数据的最佳函数匹配。利用最小二乘法可以简便地求得未知的数据，并使得这些求得的数据与实际数据之间误差的平方和最小。Spark MLlib 中采用的是最小二乘法的矩阵解法，将训练特征表示为 $\boldsymbol{X}$ 矩阵，结果表示成 $\boldsymbol{y}$ 向量，仍然是线性回归模型，误差函数不变，那么 $\boldsymbol{\theta}^{\mathrm{T}}$ 可以直接得出，即

$$\boldsymbol{\theta} = (\boldsymbol{X}^{\mathrm{T}}\boldsymbol{X})^{-1}\boldsymbol{X}^{\mathrm{T}}\boldsymbol{y} \tag{7-42}$$

从式（7-42）可以看出此方法要求 $\boldsymbol{X}^{\mathrm{T}}\boldsymbol{X}$ 是可逆的，如果其逆矩阵不存在，那么该方法将不能使用，且求矩阵的逆比较慢。

3. 梯度下降法

在求解机器学习算法的模型参数，即无约束优化问题时，梯度下降是最常采用的方法之一。在求解损失函数的最小值时，可以通过梯度下降法来一步步地迭代求解，得到最小化的损失函数和模型参数值。反过来，如果需要求解损失函数的最大值，就需要用梯度上升法来迭代。在机器学习中，基于基本的梯度下降法发展了两种梯度下降方法，分别为批量梯度下降法和随机梯度下降法。

（1）批量梯度下降法。

批量梯度下降法从求 $\boldsymbol{\theta}^{\mathrm{T}}$ 的问题变成了求 $J(\boldsymbol{\theta})$ 的极小值问题，而梯度下降法中的梯度方向由 $J(\boldsymbol{\theta})$ 对 $\boldsymbol{\theta}$ 的偏导数确定，由于求的是极小值，因此梯度方向是偏导数的反方向，公式为

$$\theta_j := \theta_j - \alpha \frac{\partial}{\partial \theta_j} J(\boldsymbol{\theta}) \tag{7-43}$$

式中 α——学习速率。

当 α 过大时，有可能越过最小值；当 α 过小时，容易造成迭代次数较多，收敛速度较慢。加入数据集中只有一条样本，那么样本数 $m=1$，式（7-43）演变成

$$\theta_j := \theta_j + \alpha [y^{(i)} - h_\theta(x^{(i)})] x_j^{(i)} \tag{7-44}$$

当样本数 m 不为 1 时，将式（7-43）中的 $\frac{\partial}{\partial \theta_j} J(\boldsymbol{\theta})$ 由式（7-41）代入求偏导，那么由每个参数沿梯度方向的变化值可求得

$$\theta_j := \theta_j + \alpha \sum_{i=1}^m [y^{(i)} - h_\theta(x^{(i)})] x_j^{(i)} \tag{7-45}$$

初始时 $\boldsymbol{\theta}^{\mathrm{T}}$ 可设为 0，然后迭代使用式（7-45）计算 $\boldsymbol{\theta}^{\mathrm{T}}$ 中的每个参数，直至收敛为止。由于每次迭代计算 $\boldsymbol{\theta}^{\mathrm{T}}$ 时都使用了整个样本集，因此称该梯度下降算法为批量梯度下降算法。

（2）随机梯度下降法。当样本集数据量 m 很大时，批量梯度下降算法每迭代一

次的复杂度为 $O(mn)$，复杂度很高。因此，为了减少复杂度，当 m 很大时，更多时候使用随机梯度下降算法，算法如下：

```
Loop{
    For i=1 to m{
        θ_j:=θ_j+α(y^(i)−h_θ(x^(i)))x_j^(i)(对于每个参数 j)
    }
}
```

即每读取一条样本，就迭代对 $\pmb{\theta}^{\mathrm{T}}$ 进行更新；然后判断其是否收敛，若不收敛，则继续读取样本进行处理；如果所有样本都读取完毕了，则循环重新从头开始读取样本进行处理。

这样迭代一次的算法复杂度为 $O(n)$。对于大数据集，很有可能只需读取一小部分数据，函数 $J(\pmb{\theta})$ 就收敛了。比如样本集数据量为 100 万条，则有可能读取几千条或几万条时，函数就达到了收敛值。所以当数据量很大时，更倾向于选择随机梯度下降法。

不过，相较于批量梯度下降法，随机梯度下降法使得 $J(\pmb{\theta})$ 趋近于最小值的速度更快，但是有可能会在最小值周围振荡，造成永远不可能收敛。但是实践中，大部分值都能够接近于最小值，效果也都较好。

对于是否收敛的判断方法如下：参数 $\pmb{\theta}^{\mathrm{T}}$ 的变化距离为 0，或者说变化距离小于某一阈值（$\pmb{\theta}^{\mathrm{T}}$ 中每个参数的变化绝对值都小于一个阈值）。为减少计算复杂度，该方法更为推荐使用。如果要追求计算的精确程度，则采用的方法是：$J(\pmb{\theta})$ 不再变化，或者说变化程度小于某一阈值，但该方法的计算复杂度较高。

7.4.1.2 逻辑回归算法

1. 数学模型

逻辑回归本质上是线性回归，只是在特征到结果的映射中加入了一层函数映射，即先将特征线性求和，然后使用函数 $g(z)$ 进行计算。$g(z)$ 可以将连续值映射到 0 和 1 上。

逻辑回归与线性回归的不同点在于：将线性回归的输出范围，例如从负无穷到正无穷，压缩到 0 和 1 之间。把大值压缩到这个范围的优点是可以消除特别冒尖的变量的影响。

Logistic 函数（或称为 Sigmoid 函数）的函数形式为

$$g(z)=\frac{1}{1+\mathrm{e}^{-z}} \tag{7-46}$$

给定 n 个特征 $x=(x_1, x_2, \cdots, x_n)$，设条件概率 $p(y=1|x)$ 为观测样本 y 相对于事件因素 x 发生的概率，用 Sigmoid 函数表示为

$$p(y=1|x)=\pi(x)=\frac{1}{1+e^{-g(x)}} \tag{7-47}$$

其中 $\qquad g(x)=w_0+w_1x_1+\cdots+w_nx_n$

那么在 x 条件下 y 不发生的概率为

$$p(y=0|x)=1-p(y=1|x)=\frac{1}{1+e^{g(x)}} \tag{7-48}$$

假设现在有 m 个相互独立的观测事件 $y=(y^{(1)}, y^{(2)}, \cdots, y^{(m)})$，则一个事件 $y^{(i)}$ 发生的概率为 $(y^{(i)}=1)$

$$p(y^{(i)})=p^{y^{(i)}}(1-p)^{1-y^{(i)}} \tag{7-49}$$

当 $y^{(i)}=1$ 时，后面那一项没有了，只剩下 x 属于 $y=1$ 的概率；当 $y^{(i)}=0$ 时，第一项没有了，只剩下后面那个 x 属于 $y=0$ 的概率（1 减去 x 属于 1 的概率）。因此不管 $y^{(i)}$ 是 0 还是 1，上面得到的数都是 (x, y) 出现的概率。那整个样本集，也就是 m 个独立样本出现的似然函数为（因为每个样本都是独立的，所以 m 个样本出现的概率就是它们各自出现的概率相乘）

$$L(\boldsymbol{\theta})=\prod_{i=1}^{m}f(x;\boldsymbol{\theta})=\prod_{i=1}^{m}[\pi(x)]^{y^{(i)}}[1-\pi(x)]^{1-y^{(i)}} \tag{7-50}$$

目标是求出使这一似然函数的值最大的参数估计，最大似然估计就是求出参数 $\theta_0, \theta_1, \cdots, \theta_n$，使得 $L(\boldsymbol{\theta})$ 取得最大值，对函数 $L(\boldsymbol{\theta})$ 取对数得到

$$L(\boldsymbol{\theta})=\log\{\prod p(y^{(i)}=1|x^{(i)})^{y^{(i)}}[1-p(y^{(i)}=1|x^{(i)})]^{1-y^{(i)}}\}$$

$$=\sum_{i=1}^{m}y^{(i)}[\boldsymbol{\theta}^{\mathrm{T}}x^{(i)}]-\sum_{i=1}^{m}\log[1+e^{\boldsymbol{\theta}^{\mathrm{T}}x^{(i)}}] \tag{7-51}$$

最大似然估计就是求使 $L(\boldsymbol{\theta})$ 取最大值时的 $\boldsymbol{\theta}$，这里可以使用梯度上升法求解，求得的 $\boldsymbol{\theta}$ 就是要求的最佳参数；也可以乘一个负的系数 $-1/m$，转换成梯度下降法求解，将 $L(\boldsymbol{\theta})$ 转换成 $J(\boldsymbol{\theta})$，即

$$J(\boldsymbol{\theta})=-\frac{1}{m}L(\boldsymbol{\theta}) \tag{7-52}$$

因此，取 $J(\boldsymbol{\theta})$ 最小值时的 $\boldsymbol{\theta}$ 为要求的最佳参数。如何调整 $\boldsymbol{\theta}$ 以使 $J(\boldsymbol{\theta})$ 取得最小值有很多方法，通常采用梯度下降法。

2. 梯度下降法

$\boldsymbol{\theta}$ 的更新过程为

$$\theta_j:=\theta_j-\alpha\frac{\partial}{\partial\theta_j}J(\boldsymbol{\theta}) \tag{7-53}$$

$$\frac{\partial}{\partial\theta_j}J(\boldsymbol{\theta})=-\frac{1}{m}\sum_{i=1}^{m}[y^{(i)}x_j^{(i)}-g(\boldsymbol{\theta}^{\mathrm{T}}x^{(i)})x_j^{(i)}]-\frac{1}{m}\sum_{i=1}^{m}[h_0(x^{(i)})-y^{(i)}]x_j^{(i)} \tag{7-54}$$

θ 更新过程可以写成

$$\theta_j := \theta_j - \alpha \frac{1}{m} \sum_{i=1}^{m} [h_\theta(x^{(i)}) - y^{(i)}] x_j^{(i)} \tag{7-55}$$

式（7-55）中 $\sum(\cdots)$ 是一个求和的过程，需要循环 m 次，可以转换成如下向量化的过程。

约定训练数据的矩阵形式为

$$\boldsymbol{x} = \begin{bmatrix} \boldsymbol{x}_1 \\ \vdots \\ \boldsymbol{x}_m \end{bmatrix} = \begin{bmatrix} x_{11} & \cdots & x_{1n} \\ \vdots & \ddots & \vdots \\ x_{m1} & \cdots & x_{mn} \end{bmatrix}, \; \boldsymbol{y} = \begin{bmatrix} \boldsymbol{y}_1 \\ \vdots \\ \boldsymbol{y}_m \end{bmatrix}, \; \boldsymbol{\theta} = \begin{bmatrix} \theta_1 \\ \vdots \\ \theta_m \end{bmatrix} \tag{7-56}$$

$$\boldsymbol{A} = \boldsymbol{x} \cdot \boldsymbol{\theta} = \begin{bmatrix} x_{10} & \cdots & x_{1n} \\ \cdots & \ddots & \cdots \\ x_{m1} & \cdots & x_{mn} \end{bmatrix} \cdot \begin{bmatrix} \theta_1 \\ \vdots \\ \theta_m \end{bmatrix} = \begin{bmatrix} \theta_0 x_{10} + \theta_1 x_{11} + \cdots + \theta_n x_{1n} \\ \vdots \\ \theta_0 x_{m0} + \theta_1 x_{m1} + \cdots + \theta_n x_{mn} \end{bmatrix} \tag{7-57}$$

$$\boldsymbol{E} = \boldsymbol{h}_\theta(\boldsymbol{x}) - \boldsymbol{y} = \begin{bmatrix} g(A_1) - y_1 \\ \vdots \\ g(A_m) - y_m \end{bmatrix} = \begin{bmatrix} e_1 \\ \vdots \\ e_m \end{bmatrix} = g(\boldsymbol{A}) - \boldsymbol{y} \tag{7-58}$$

$\boldsymbol{x}$ 的每一行为一条训练样本，而每一列为不同的特征值。$g(\boldsymbol{A})$ 的参数 $\boldsymbol{A}$ 为一列向量，所以实现 g 函数时要支持列向量作为参数，并返回列向量。由式（7-58）可知 $h_\theta(\boldsymbol{x}) - \boldsymbol{y}$ 可由 $g(\boldsymbol{A}) - \boldsymbol{y}$ 计算求得。

θ 更新过程可以改为

$$\theta_j := \theta_j - \alpha \frac{1}{m} \sum_{i=1}^{m} [h_\theta(x^{(i)}) - y^{(i)}] x_j^{(i)} = \theta_j - \alpha \frac{1}{m} \sum_{i=1}^{m} e^{(i)} x_j^{(i)} = \theta_j - \alpha \frac{1}{m} \boldsymbol{x}^\top \boldsymbol{E}$$

$$\tag{7-59}$$

综上所述，θ 更新的步骤如下：

（1）$\boldsymbol{A} = \boldsymbol{x} \cdot \boldsymbol{\theta}$

（2）$\boldsymbol{E} = g(\boldsymbol{A}) - \boldsymbol{y}$

（3）$\boldsymbol{\theta} := \boldsymbol{\theta} - \alpha \boldsymbol{x}^\top \boldsymbol{E}$

3. 正则化

对于线性回归或逻辑回归的损失函数构成的模型，可能有些权重很大，有些权重很小，导致过拟合（就是过分拟合了训练数据），这使得模型的复杂度提高，泛化能力（对未知数据的预测能力）较差。

过拟合问题的主要原因是拟合了过多的特征。其解决方法如下：

（1）减少特征数量（减少特征会失去一些信息，即使特征选得很好）。可人工选择需要保留的特征，或者采用模型选择算法选取特征。

（2）正则化（特征较多时比较有效）。保留所有特征，但减小 θ。正则化是结构风险最小化策略的实现，是在经验风险上加一个正则化项或惩罚项。正则化项一般是模型复杂度的单调递增函数，模型越复杂，正则化项就越大。

从直观上来看，如果想解决过拟合问题，最好能将 x^4、x^5、x^6 的影响消除，也就是让 θ_4、θ_5、θ_6 约等于 0。假设对 θ_4、θ_5、θ_6 进行惩罚，并且令其很小，一个简单的办法就是给原有的代价函数加上略大惩罚项，如

$$\min_{\theta} \frac{1}{2m} \sum_{i=1}^{m} [h_\theta(x_i) - y_i]^2 + 1000\theta_4^2 + 1000\theta_5^2 + 1000\theta_6^2 \tag{7-60}$$

这样在最小化代价函数时，θ_4、θ_5、θ_6 约等于 0。

为了增强模型的泛化能力，防止训练模型过拟合，特别是对于有大量稀疏特征的模型，模型复杂度比较高，需要进行降维处理，需要保证在训练误差最小化的基础上，通过加上正则化项减小模型复杂度。在逻辑回归中，支持 L1、L2 正则化。

损失函数为

$$J(\theta) = \frac{1}{2m} \sum_{i=1}^{m} [h_\theta(x_i) - y_i]^2 + \lambda \sum_{j=1}^{n} \theta_j^2 \tag{7-61}$$

在损失函数里加入一个正则化项，正则化项就是权重的 L1 或者 L2 范数乘以一个正则系数，用来控制损失函数和正则化项的比重。直观地理解，首先防止过拟合的目的就是防止最后训练出来的模型过分地依赖某一个特征。当最小化损失函数时，某一维度很大，拟合出来的函数值与真实值之间的差距很小，通过正则化可以使整体的损失值变大，从而避免了过分依赖某一维度的结果。当然，加正则化项的前提是特征值要进行归一化。

7.4.1.3 保序回归算法

保序回归就是对给定的一个无序数字序列，通过修改每个元素的值，得到一个非递减序列，并使得误差最小。假定给某种动物服用一种药剂，观察它们是否有阳性反应，剂量分别为

$$\theta_i : \theta_1 \ll \theta_2 \ll \cdots \ll \theta_k \tag{7-62}$$

即剂量是逐渐增加的，对应于剂量 θ_i 实验了 n_j 个动物，用 x_{ij} 来表示这 n_j 个动物中第 j 个动物的反应，$j=1, 2, \cdots, n$，$i=1, 2, \cdots, k$，其中

$$x_{ij} = \begin{cases} 1 & \text{有反应} \\ 0 & \text{无反应} \end{cases} \tag{7-63}$$

用 p_i 表示剂量 θ_i 时有反应的比例，则 $\boldsymbol{p} = (p_1, p_2, \cdots, p_k)^{\mathrm{T}}$ 是刻画总体背景的参数。通常用样本比例来估计 p_i，即

$$\hat{p}_i = \frac{1}{n} \sum_{j=1}^{n_j} x_{ij} \tag{7-64}$$

在很多实际问题中，应该利用式（7-62），即考虑参数 p_i 之间也满足顺序关系

$$p_1 \leqslant p_2 \leqslant \cdots \leqslant p_k \tag{7-65}$$

因为 $n_i\hat{p}_i$ 服从二项分布，则似然函数为

$$\prod_{i=1}^{k} p_i^{n_i p_i}(1-p_i)^{n_i(1-p_i)} \tag{7-66}$$

这时 p 的最大似然估计恰在约束式（7-65）下，使式（7-66）取最大值。约束式（7-65）与 $0 \leqslant p_1 \leqslant p_2 \leqslant \cdots \leqslant p_k \leqslant 1$ 是等价的。

假定 p 取 $\hat{p}^*$ 时可以使式（7-66）达到最大值，如果 $\hat{p}^*$ 满足式（7-65），则 $\hat{p}^*=\hat{p}$；否则如果 $\hat{p}_j>\hat{p}_{j+1}$，则合并 θ_j 和 θ_{j+1}，得到阳性反应比例为

$$\hat{p}_j=\hat{p}_{j+1}=(n_j\hat{p}_j+n_{j+1}p_{j+1})/(n_j+n_{j+1}) \tag{7-67}$$

继续下去，直到求出的新估计量满足式（7-65）。

L2 保序回归算法如下：

令 $\boldsymbol{\theta}=\{\theta_i,\theta_2,\cdots,\theta_n\}$ 为一个有限集合，其上定义了一个关系"$\leqslant$"。

定义 1　θ 上的序关系"$\leqslant$"被称为 $\boldsymbol{\theta}$ 的一个全序，即 $\theta_1\leqslant\theta_2\leqslant\cdots\leqslant\theta_k$。

定义 2　定义 θ 上的函数 $\boldsymbol{y}=(y_1\cdots y_n)^{\mathrm{T}}$，其中 $y_i=y(\theta_i)$，被称为对于"$\leqslant$"的保序函数。如果 $\theta_1\leqslant\theta_2\leqslant\cdots\leqslant\theta_n$，则有 $y_1\leqslant y_2\leqslant\cdots\leqslant y_n$。

定义 3　令 $\boldsymbol{y}=(y_1\cdots y_n)^{\mathrm{T}}$ 是一给定的函数，$\boldsymbol{x}^*=(x_1^*\cdots x_n^*)^{\mathrm{T}}$ 被称为（$\boldsymbol{y}$，$\boldsymbol{w}$）的 L2 保序回归，如果 $\boldsymbol{x}^*\in G$，$G=\{x\in R^n\,|\,x_1\leqslant x_2\leqslant\cdots\leqslant x_n\}$，则

$$\sum_{i=1}^{n}w_i(y_i-x_i^*)^2=\min_{x\in G}\sum_{i=1}^{n}w_i(y_i-x_i)^2 \tag{7-68}$$

其中，$\boldsymbol{w}=(w_1,w_2,\cdots,w_n)^{\mathrm{T}}$，$w_i\geqslant0$，$i=1,2,\cdots,n$ 是给定的权重，$w_1+w_2+\cdots+w_n=1$。

计算全序下保序回归最广泛使用的算法是由 Ayer 于 1955 年提出的 PAVA 算法，它的基本步骤如下：

（1）如果 $\boldsymbol{y}\in G$，则 $\boldsymbol{x}^*=\boldsymbol{y}$。

（2）如果存在 j 使得 $y_j>y_{j+1}$，令 $B=\{j,j+1\}$，$y_B=AV(B)=\dfrac{y_jw_j+y_{j+1}w_{j+1}}{w_jw_{j+1}}$，记 $w_B=w_j+w_{j+1}$，$\boldsymbol{y}=(y_1,\cdots,y_{j-1},y_B,y_{j+1},\cdots,y_n)^{\mathrm{T}}$，$\boldsymbol{w}=(w_1,\cdots,w_{j-1},w_B,w_{j+2},\cdots,w_n)^{\mathrm{T}}$。

（3）如果 $\boldsymbol{y}$ 是保序的，即 $y_1\leqslant\cdots\leqslant y_{j-1}\leqslant y_B\leqslant y_{j+1}\leqslant\cdots\leqslant y_n$，则 $x_j^*=x_{j+1}^*=y_B$，$x_i^*=y_i$（当 $1\leqslant i\leqslant n$ 且 $i\neq j,j+1$ 时）。

如果 $\boldsymbol{y}$ 不是保序的，则重复步骤（2），直至得到保序回归 $\boldsymbol{x}^*$。

7.4.2　基于风电场大数据的线性回归算法编程实践

7.4.2.1　数据源

数据源采用发电信息的部分数据。线性回归算法主要是通过建立自变量与因变量

之间的线性关系来对因变量（label）的值进行预测，这里取发电量码值的增量为因变量，取有功功率、无功功率、AB线电压等10个属性为自变量。

7.4.2.2 数据预处理

由于数据源所给的发电量码值是累计数值，然而这里更关心的是各个时间段实际产生的发电量。首先需要对发电量码值做简单的变换，变换为发电量码值的增量，即实际的发电量码值；其次对缺失值和明显异常值做删除整行数据的操作。对最终得到的数据，不做标准化等处理，在Spark MLlib中再进行标准化处理。将数据存储为LRdata.txt文件（txt文件格式中的数据默认以制表符“/t”分割而不是“,”），由于算法对于数据格式的要求，简单处理下数据，修改文件中的存储格式，变为第一列用“,”分割其余列用“空格”分割，例如：标签（因变量），特征1（自变量）特征2（自变量）特征3（自变量）……通过Xftp传输到hadoop集群Master虚拟机/usr/目录下，处理后的文件内容如图7-12所示。

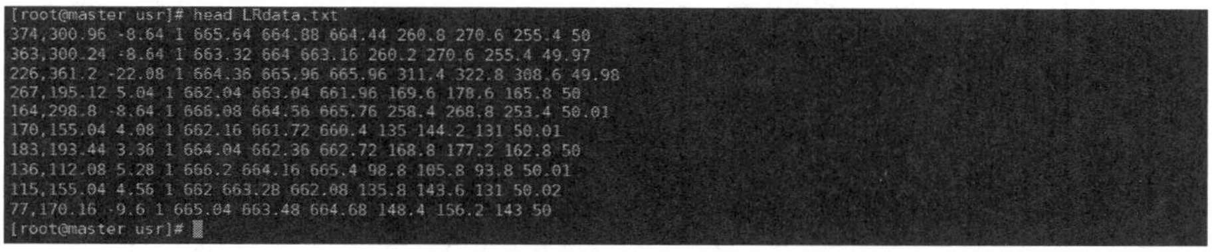

```
[root@master usr]# head LRdata.txt
374,300.96 -8.64 1 665.64 664.88 664.44 260.8 270.6 255.4 50
363,300.24 -8.64 1 663.32 664 663.16 260.2 270.6 255.4 49.97
226,361.2 -22.08 1 664.36 665.96 665.96 311.4 322.8 308.6 49.98
267,195.12 5.04 1 662.04 663.04 661.96 169.6 178.6 165.8 50
164,298.8 -8.64 1 666.08 664.56 665.76 258.4 268.8 253.4 50.01
170,155.04 4.08 1 662.16 661.72 660.4 135 144.2 131 50.01
183,193.44 3.36 1 664.04 662.36 662.72 168.8 177.2 162.8 50
136,112.08 5.28 1 666.2 664.16 665.4 98.8 105.8 93.8 50.01
115,155.04 4.56 1 662 663.28 662.08 135.8 143.6 131 50.02
77,170.16 -9.6 1 665.04 663.48 664.68 148.4 156.2 143 50
[root@master usr]#
```

图7-12　数据预处理后的LRdata.txt

通过hdfs命令将该文件传输到hdfs上，命令如下：

```
hadoop dfs -put /usr/LRdata.txt /wppdata/data/
```

通过Web UI可以查看是否已经成功放入到hdfs上，如图7-13所示。

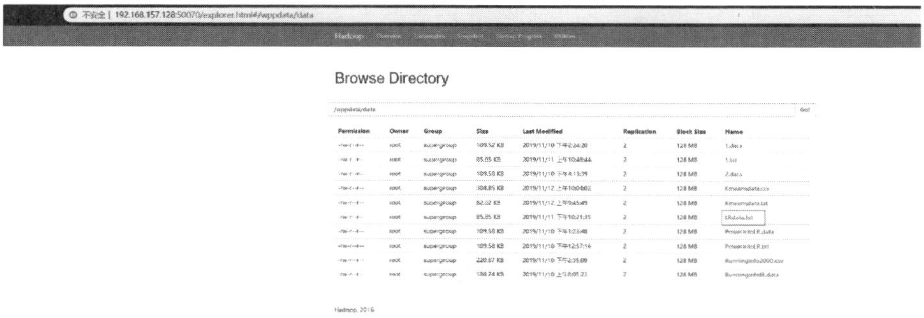

图7-13　Web UI查看hdfs目录下文件

7.4.2.3 实例代码

首先保证Hadoop集群和Spark集群都已正常工作，在Master虚拟机中，输入spark-shell，进入scala命令行。在scala命令行中，具体代码见附录7。代码运行结果如图 7 - 14 所示。

图 7 - 14　线性回归算法运行结果

可以通过以下命令将运行结果导出：

Val results = preds. select("label","prediction")

results. write. format("json"). save("file：///root/usr/LRresults")

导出后的结果如图 7 - 15 所示。

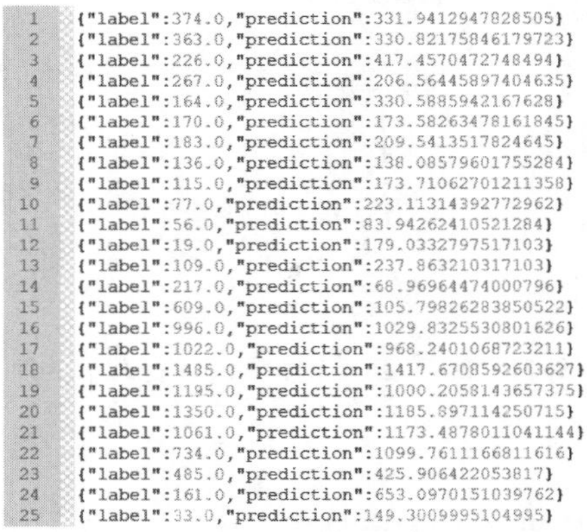

图 7 - 15　导出后的部分线性回归结果

7.4.2.4 结果分析

从图 7 - 15 中可以看到，预测值与实际值较为接近，其中部分数据结果有一定偏差，原因可能是原始数据中还是包含一些异常数据未处理，或者自变量中缺少一些其他与发电量码值有关的属性。但是纵观所有结果大部分预测数据还是较接近原始数据的，还可以通过增加训练数据集来提升模型的准确率。

7.5 本章小结

本章主要讲解了风电场大数据的分析与挖掘。风电场大数据的存储采用 Hadoop 平台，基于 Hadoop 平台的分析与挖掘主要介绍了聚类分析、决策树分类、线性回归方法，并根据实际的风电场运行数据进行了编程实践，采用的机器学习算法基于 Spark MLlib，其是构建在 Spark 上的分布式机器学习库，充分利用了 Spark 的内存计算和适合迭代型计算的优势，将性能大幅度提升。总体来说，本章对风电场大数据的分析与挖掘指出了方向，为风电场大数据分析与挖掘的后续研究奠定了理论基础。

第 8 章

基于大数据的风电机组全寿命周期评估与故障预测技术

8.1 概述

　　风电机组运维成本高昂，其健康状态和可利用率严重影响风电场的可靠性和经济性。要在不影响风电场正常运行的条件下分析风电场的运行状态，为电网调度及风电场的日常运维管理提供参考，就需要开展风电机组全寿命周期评估与故障预警技术研究。通过融合SCADA 系统和 CMS 系统监测数据，研究基于运行数据的风电机组运行状态指标构建和评价方法，可实现风电机组全寿命周期评估；收集风电机组故障监测数据，根据振动信号特征量与异常故障模式之间的映射关系，可对故障数据样本进行分类标记；研究基于大数据的风电机组故障智能检测和预警方法，可实现风电机组故障的快速准确识别预警。研究成果将为风电机组潜在隐患的及早检测、故障的准确识别奠定基础，为风电机组的科学运维、优化改造以及异常状态的及时发现提供理论支撑，从而为机组运维策略的科学制定提供依据，以提升风电场的可靠性、经济效益以及智能化管理水平。

8.2 风电机组异常数据清洗

　　SCADA 系统每分钟进行一次数据采集，原始数据中既包含正常运行数据，也存在其他非正常噪声数据。为了提高分析结果的准确性，应对采集的数据进行非正常数据筛选处理，只保留风电机组正常运行状态下的数据源，依照风电机组实际情况和运行日志，图 8 - 1 所示为实际风功率数据散点图。剔除如下四种数据：①停机或启动过程中输出功率为 0 或者负值的数据；②在机组运行日志中记载的故障数据点或检修异常数据点；③传感器异常或者通信故障引起的测量

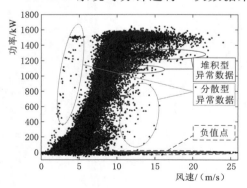

图 8 - 1　实际风功率数据散点图

误差数据点；④运行日志中记录的风电机组限负荷运行数据点（②，③为分散型异常数据，④为堆积型异常数据）。

结合边缘检测与方差变点方法对风功率异常数据进行清洗，包括数据预清洗、分散型异常数据清洗与堆积型异常数据清洗等步骤，具体流程如图 8-2 所示。

数据预清洗是用以清洗曲线下部堆积型异常数据，曲线下部堆积型异常数据应满足

$$\begin{cases} v > v_c \\ P < 0 \end{cases} \qquad (8-1)$$

因此，可根据式（8-1）实现此类异常数据的识别。

在数据预清洗后，采用边缘检测方法实现分散型异常数据的清洗，在此基础上，采用方差变点方法实现堆积型异常数据的清洗，最终实现风功率异常数据点的清洗。

8.2.1 基于边缘检测的分散型异常数据清洗

由图 8-1 可见，分散型异常数据的

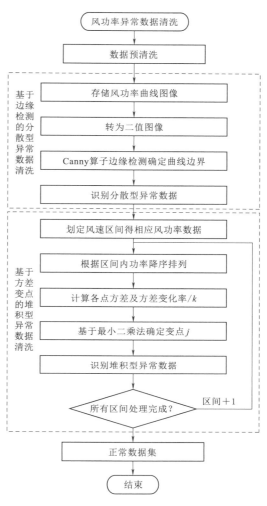

图 8-2 风功率曲线异常数据清洗流程

空间分布特征为风功率曲线周围密度较低的无规律散点。因此，根据其在曲线边界之外随机分散分布的特点，可利用边缘检测方法识别曲线主体的边界，边界之外的散点即被识别为分散型异常数据点。对于风功率曲线图像 $f(x, y)$，首先采用 Canny 算子实现图像的边缘检测，其步骤如下：

（1）通过高斯滤波对风功率曲线图像 $f(x, y)$ 实现降噪，二维高斯滤波函数为

$$G(x, y, \delta) = \frac{1}{2\pi\delta^2} e^{-\frac{x^2 + y^2}{2\delta^2}} \qquad (8-2)$$

式中 δ——高斯滤波参数。

（2）计算梯度向量与梯度幅值。记梯度幅值为 $G(x, y)$，方向角为 $\alpha(x, y)$，那么采用一阶离散性差分算子，可分别计算梯度幅值的水平方向分量 G_x 和垂直方向分

量 G_y，而后得到方向角 $\alpha(x，y)$ 和梯度幅值 $G(x，y)$，即

$$\alpha(x,y)=\arctan \frac{G_y}{G_x}$$

$$(8-3)$$

$$G(x,y)=\sqrt{G_x^2+G_y^2}$$

若采用 Sobel 算子作为差分算子，像素点计算取 3×3 的窗口 A，梯度幅值分量 G_x 与 G_y 的计算公式为

$$G_x=\mathbf{S}_x \cdot \mathbf{A}$$

$$(8-4)$$

$$G_y=\mathbf{S}_y \cdot \mathbf{A}$$

其中，Sobel 算子的水平分量和垂直分量 $\mathbf{S}_x$ 与 $\mathbf{S}_y$ 为

$$\mathbf{S}_x=\begin{bmatrix} -1 & 0 & 1 \\ -2 & 0 & 2 \\ -1 & 0 & 1 \end{bmatrix}, \ \mathbf{S}_y=\begin{bmatrix} 1 & 2 & 1 \\ 0 & 0 & 0 \\ -1 & -2 & -1 \end{bmatrix}$$

$$(8-5)$$

（3）极大值选择与非极大值抑制。使用非极大值抑制方法来寻找边缘点，实现杂散响应的消除。将当前像素点 p 的梯度幅值与沿正负梯度方向上的两个像素 p_1、p_2 比较。如果 G_p 同时满足 $G_p>G_{p1}$ 与 $G_p>G_{p2}$，那么点 p 作为边缘点保留，否则去除。

（4）阈值选择。确定阈值上限与下限，将高于上限的信息保留，并标记为边缘信息，将低于下限的信息剔除，以得到滞后阈值的现象。

在曲线边缘确定之后，建立功率点与图像像素点的关系，以反推边界之外分散数据点的异常功率数据，实现分散型异常数据的识别。功率点与图像像素点的数学关系为

$$\Delta x=(x_{max}-x_{min})/(v_{max}-v_{min})$$

$$(8-6)$$

$$\Delta y=(y_{max}-y_{min})/(P_{max}-P_{min})$$

第 i 个功率数据点与对应像素点的数学关系为

$$x_i=x_{min}+(v_i-v_{min})\times \Delta x$$

$$(8-7)$$

$$y_i=y_{max}-(P_i-P_{min})\times \Delta y$$

由此，可在保证风速-功率数据点一一对应的前提下，实现风功率曲线中分散型异常数据的识别。

8.2.2 基于方差变点的堆积型异常数据清洗

在实现分散型异常数据清洗后，再采用方差变点方法对堆积型异常数据点进行识别。由图 8-1 可见，堆积型异常数据是大量集中分布的数据集，受异常数据的影响，该区间内的序列平均值、标准差等统计特征量会产生变化。根据研究发现，将方差变化率作为分组依据时，风功率异常数据的清洗效果最好，因此以方差变化率为分组依

据，具体步骤如下：

（1）将数据样本 W 按功率值降序排列，而后求出各点方差。方差计算公式为

$$s_i = \frac{\sum\limits_{j=1}^{i}(P_j - \overline{P_i})^2}{i} \tag{8-8}$$

式中　s_i——前 i 个点的功率均值，用以表征第 i 点与前 i 个数据之间的离散程度。

（2）计算方差变化率 k_i。其计算公式为

$$k_i = |s_i - s_{i-1}|, \quad i = 2,3,\cdots,n \tag{8-9}$$

式中　n——样本数。以方差变化率 k_i 为依据，利用最小二乘法可实现变点识别。

假设 k_i 满足分段线性模型且模型系数于 $i=j$ 处发生突变，即

$$k_i = \begin{cases} \boldsymbol{\beta}_1 \boldsymbol{x} + e_i \\ \boldsymbol{\beta}_2 \boldsymbol{x} + e_i \end{cases} \tag{8-10}$$

其中

$$\boldsymbol{\beta}_1 = \begin{bmatrix} \alpha^{(1)} & \beta_1^{(1)} & \cdots & \beta_r^{(1)} \end{bmatrix}^T$$
$$\boldsymbol{\beta}_2 = \begin{bmatrix} \alpha^{(2)} & \beta_1^{(2)} & \cdots & \beta_r^{(2)} \end{bmatrix}^T \tag{8-11}$$
$$\boldsymbol{x} = \begin{bmatrix} 1 & x_1(i) & \cdots & x_r(i) \end{bmatrix}$$

由于 k_i 连续，约束条件为

$$\boldsymbol{\beta}_1^T x(j) = \boldsymbol{\beta}_2^T x(j) \tag{8-12}$$

目标函数 J 为

$$J = \sum_{i=1}^{j} w_i [k_i - \beta_1^T x(i)]^2 + \sum_{i=j+1}^{n} w_i [k_i - \beta_2^T x(i)]^2 \tag{8-13}$$

其中，权重 w 与误差方差成反比。在满足约束条件的前提下，极小化目标函数，以估计变点 j，即可识别得到异常数据集 W。

$$W_\circ = \{(v_i, p_i) | (v_i, p_i) \in W, j < i \leqslant n\} \tag{8-14}$$

对其余风速分区间进行相同的处理，以获取风电机组完整的堆积型异常数据集，从而实现风功率曲线的数据清洗。

8.2.3　算例验证

取某风电场 2015 年 3—7 月共 5 个月的 1min 级风功率实际数据进行分析。选取 1 号、3 号、6 号风电机组作为研究对象，其中 1 号、6 号风电机组与堆积型异常数据为主，3 号风电机组以分散型异常数据为主。

1. 6 号风电机组数据清洗结果

以 6 号风电机组为例，对风功率异常数据进行识别，分步展示识别结果。图 8-3

为 6 号风电机组的完整采集数据，其中灰色数据点为预清洗过程中识别的曲线下部堆积型异常数据，即功率负值点。

6 号风电机组的数据清洗结果如图 8-4 所示，由图可知，边缘检测可明确获取风功率曲线边界，进而识别所有曲线边界外散点，实现分散型异常数据清洗；基于方差变化率的变点分组可有效识别堆积型异常数据，每一步骤后的识别结果如图 8-5、图 8-6 所示。三类异常数据均可被有效识别，且识别判定为正常数据的风功率数据点的散点图接近理想状态的风功率曲线。

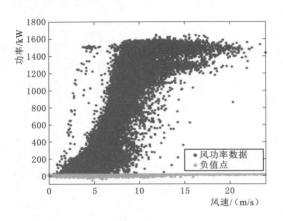

图 8-3　6 号风电机组完整采集数据及曲线
下部堆积型异常数据识别结果

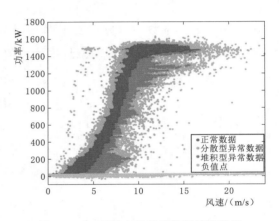

图 8-4　6 号风电机组的数据清洗结果

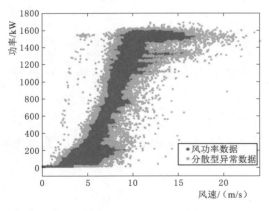

图 8-5　6 号风电机组分散型异常数据识别结果

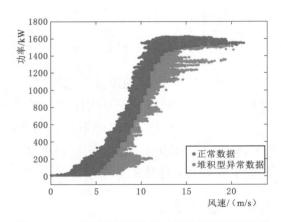

图 8-6　6 号风电机组堆积型异常数据识别结果

2. 多台风电机组数据清洗结果

1 号风电机组的完整风功率数据以及最终清洗结果如图 8-7、图 8-8 所示。3 号风电机组的完整风功率数据以及最终清洗结果如图 8-9、图 8-10 所示。同样，三类异常数据均可被有效识别，且识别判定为正常的风功率曲线接近理想风功率曲线。

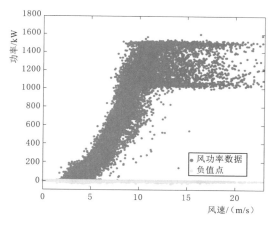

图 8-7　1 号风电机组完整采集数据

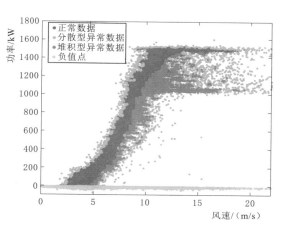

图 8-8　1 号风电机组数据清洗结果

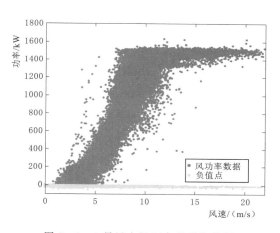

图 8-9　3 号风电机组完整采集数据

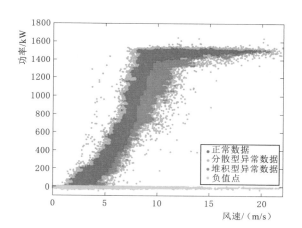

图 8-10　3 号风电机组数据清洗结果

可见，前述方法对不同风电机组具有较强的通用性。三台风电机组的异常数据删除率和清洗时间见表 8-1。

表 8-1　　　　　　　　　　三台风电机组的异常数据删除率与清洗时间

风电机组编号	曲线下部堆积型异常数据		分散型异常数据		堆积型异常数据		除负值点外异常数据总计	
	删除率/%	计算时间/s	删除率/%	计算时间/s	删除率/%	计算时间/s	删除率/%	计算时间/s
1	43.0	0.002	2.66	11.98	3.85	1.35	6.51	12.53
3	38.8	0.003	2.02	10.62	2.36	1.45	4.38	12.07
6	44.5	0.002	3.01	11.5	5.40	1.47	8.41	12.97

为体现异常数据清洗方法的数据清洗效果，采用 K-means 聚类方法对 6 号风电机组的风功率数据展开数据清洗，并以较易混淆的低风速区间 4～4.5（m/s）为例，

对比两种方法的数据清洗效果，如图 8-11 所示。图 8-11（a）图为基于 K-means 聚类的数据清洗效果，图 8-11（b）图为基于前述方法的数据清洗效果。

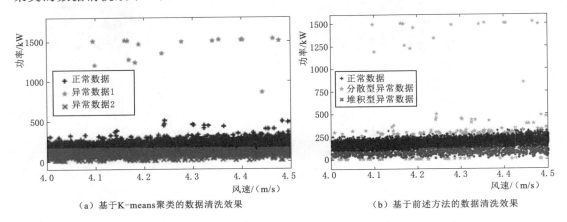

（a）基于 K-means 聚类的数据清洗效果　　　　　　（b）基于前述方法的数据清洗效果

图 8-11　基于 K-means 聚类与前述方法在 4~4.5(m/s) 的数据清洗效果

在风速接近切入风速时，对于正常曲线上方的分散型异常数据，K-means 较难完全识别，容易将靠近曲线侧的异常数据与正常数据归为一类，而前述方法可较好地识别曲线主体边界外的所有散点数据。此外，对于正常曲线下方的堆积型异常数据，两种方法均可以实现较好的识别，但 K-means 聚类的清洗结果中正常数据与堆积型异常数据的分界线在两区间内均是平直的，而前述方法的清洗结果中分界线是阶梯形上升的。由于切入风速为 2m/s，此部分曲线应处于图 8-1 所示的区间 2，其曲线趋势应是逐渐上升的，但由于此区间风速较低，上升态势较为平缓。那么，平直的分界线是不合理的，且 K-means 聚类还将曲线主体数据归类为堆积型异常数据，可能存在大量正常数据的误识别。而前述方法借助边缘检测与方差变点较好地实现了分散型异常数据与堆积型异常数据的分类识别，两个步骤的叠加达到了更佳的数据清洗效果。因此，无论是异常数据 1 还是异常数据 2，前述方法的数据清洗效果与合理性均优于 K-means 聚类。

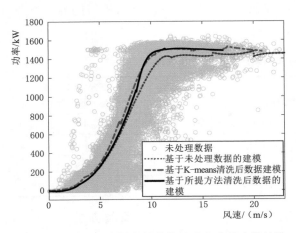

图 8-12　基于三次样条插值的风功率曲线建模结果

为进一步验证前述数据清洗方法的有效性，分别将仅去除负值点的风速-功率数据点、基于前述数据清洗方法得到的风速-功率数据点以及基于 K-means 聚类方法得到的风速-功率数据点作为风功率曲线建模的数据点，采用三次样条插值建立风功率曲线，建模结果如图 8-12 所示。由三条曲线对比可知，数据清洗有益于风功率曲线的准确建模。从曲线平滑度角度分析清洗方法对建模的影响，得出前述数据清洗方法可使建立的风功率曲线更为平滑。

此外，以均方根误差来量化评估风功率曲线建模效果的准确度，其表达式为

$$E_{\mathrm{RMSE}} = \sqrt{\frac{1}{n} \sum_{i=1}^{n} \left[p_i - g(v_i) \right]^2} \tag{8-15}$$

三条风功率曲线模型的均方根误差见表 8-2。由表可知，数据清洗有益于风功率曲线的准确建模，且所提数据清洗方法与 K-means 聚类清洗相比，更有益于风功率曲线的准确建模。

表 8-2 三条风功率曲线模型的均方根误差

建模基于的数据点	仅去除负值点	基于 K-means 聚类清洗得到的数据点	基于所提清洗方法得到的数据点
E_{RMSE}	136.23	82.11	63.05

8.3 风电机组全寿命周期评估

近年来，已有不少研究人员采用 ANN 理论、Copula 理论、高斯混合模型、模糊综合评价和相似云等方法开展风电机组整体或子系统的运行状态研究。郑州大学振动工程研究所基于模糊数学原理，通过隶属函数和解模糊方法建立了运行状态模糊评判模型。研究人员通过基于最小隶属度加权平均偏差法、基于模糊数学理论或层次分析法引进相对劣化度、引入灰色聚类方法、引入贝叶斯网络等方式对运行状态模糊评判模型进行了改进，增强了模型的合理性。重庆大学的 Lei Xiao 等在风电机组状态评估中引入常规状态评估模型，基于 SCADA 系统建立基于健康程度和环境相关性的评价指标体系，建立了模糊评估模型。天津大学热能研究所基于模糊理论，在功能性、经济性、维修性以及可靠性等方面分别建立评价指标，建立了相应的模糊状态评估模型。胡姚刚等在权变处理上引入了均衡函数，并基于模糊状态评估模型引入劣化度指标，对模型进行了改进，提出新的评估模型。

此外，华北电力大学采用聚类方法进行工况辨识，然后采用高斯混合模型，结合证据推理方法，建立了多状态特征融合的健康状态评价模型，可提前监测到风电机组齿轮箱的衰退趋势，实现了评估精度的提升。王光平等针对不同运行工况建立相应的基于高斯混合模型的健康状态评价模型，并利用状态特征参数历史数据训练获得模型参数，在线部分利用离线部分提取的状态特征参数计算当前状态特征值，并调用相应运行工况子空间健康评价模型计算当前机组健康衰退指数，从而通过健康衰退的趋势分析，实现机组的状态评估。杨苹等建立风电机组变桨系统的非线性多输入多输出系统回归模型，将系统特征向量实测值与最小二乘支持向量回归计算结果间的偏离定义

为系统观测值，采用高斯混合模型拟合多维观测值的分布，并利用 SCADA 中的数据计算系统劣化指数，实现系统状态的在线评估。

在面对权重主观性较强这一问题上，黄必清等利用在海上直驱型风电机组引入相关系数、劣化度等指标的模糊综合评价方法，在一定程度避免了权重确定的主观性。周滉等引入集队分析方法和证据理论有机相结合的方法，成功地应用到风电机组的状态评估中，有效地处理了评估的不确定性问题，提高了状态评估的准确率。

由上述内容可知，风电机组全寿命周期运行状态评估根据大量现场采集的运行数据展开，将风电场评估、风电机组设备运行状态与检测结果、风电场运行维护等纳入考量。其中，风电机组全寿命周期运行状态属于定性概念，大多数风电设备状态评估研究的隶属函数和权重的选择存在主观性较强的问题，且数据来源大多仅有 SCADA系统，评估方法仍然存在很大的不足和局限，还有待进一步研究和完善。本书将融合风电场 SCADA 监测系统和 CMS 监测系统得到的大量运行数据，探究削弱评估权重主观性的方法，同时结合风电机组自身的特性，研究有效的风电机组全寿命周期评估方法。

8.3.1　评估指标体系

根据风电场中风电机组结构以及相应监测系统的配置情况，根据技术特点、功能和风险等级的不同，先确定机组的项目层指标，如齿轮箱、发电机、机舱、主轴承、变流部件环境因素及其他，再选择每个项目层下的主要特征状态参数作为指标层评估指标，根据 SCADA 系统和 CMS 系统参数构建风电机组的两级状态评价指标体系，如图 8 - 13 所示。

8.3.2　各指标动态劣化度的确定

风电机组结构复杂，指标量多，引入动态劣化度对这些指标参量的量纲和数量级进行归一化处理。动态劣化度的计算公式为

$$g_d(x)=\begin{cases}0,x_p<x_{\min}\\[2mm]\dfrac{x_p-x_{\min}}{x_{\max}-x_{\min}},x_{\min}\leqslant x_p\leqslant x_{\max}\\[2mm]1,x_p>x_{\max}\end{cases} \tag{8-16}$$

式中　$x_{\min}$——评估指标的下限值；

$\qquad x_{\max}$——评估指标的上限值；

$\qquad x_p$——预测值。

评估指标的上、下限值根据三倍均方差原则确定。引入马尔科夫链模型的状态转移矩阵来预测下一时刻的值 x_p。评估指标的参数预测值具体计算步骤如下：

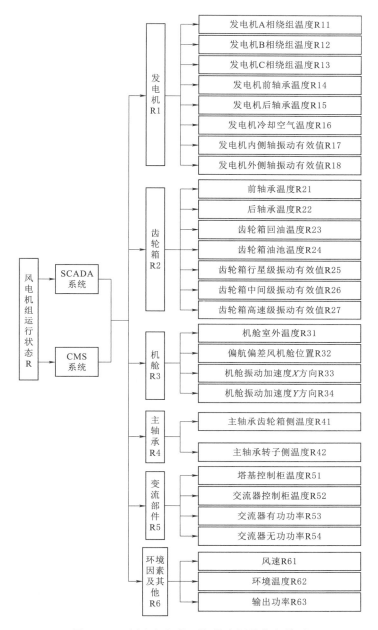

图 8-13　风电机组的两级状态评价指标体系

（1）将 SCADA 系统和 CMS 系统得到的风电机组历史监测数据保存。

（2）对于每一个序列，用后一时刻点的值减去当前时刻点的值，从而得到对应评估指标参数变化量的序列。

（3）将得到的变化量序列进行区间的划分。

（4）建立转移概率矩阵 R，即

$$R = \begin{bmatrix} p_{11} & p_{12} & \cdots & p_{1n} \\ p_{21} & p_{22} & \cdots & p_{2n} \\ \vdots & \vdots & & \vdots \\ p_{m1} & p_{m2} & \cdots & p_{mn} \end{bmatrix} \qquad (8-17)$$

其中，p_{ij} 为状态转移概率，计算式为

$$p_{ij} = P(E_j / E_i) \qquad (8-18)$$

（5）由步骤（3）得到的变化量序列所属的状态区间得到其所属状态，从而求得下一时刻参数趋势变化量为

$$x_{i+1} = \sum_{j=1}^{k} \varepsilon_{middle}^{j} \cdot p_{ij} \qquad (8-19)$$

式中 $middle$——所属区间的中间值；

k——所属的区间。

（6）由求得的参数变化量加上此时刻值，得到下一时刻的参数预测值。将预测值代入式（8-16），求出各指标的动态劣化度。

8.3.3　运行状态等级划分及隶属度求取方法

将风电机组运行状态分成 4 个等级，即良好、合格、注意、严重，分别用 l_1、l_2、l_3、l_4 来表示，见表 8-3。

表 8-3　　　　　　　　　　　运行状态等级——劣化度对应表

劣化度取值	状 态 描 述	状态等级
[0, 0.2)	良好状态：状态参量处于正常阈值内，介于最佳与注意值之间；没有明显的劣化趋势	l_1
[0.2, 0.5)	合格状态：状态参量处于正常阈值内，介于良好与注意值之间；存在不明显的劣化趋势	l_2
[0.5, 0.8)	注意状态：状态参量接近或者微微超过注意值，劣化趋势较明显	l_3
[0.8, 1.0]	严重状态：状态参量达到或者严重超过注意值，劣化趋势明显	l_4

对于传统的隶属函数确定的主观性，根据正态云模型来建立云隶属度。风电机组运行状态的划分 $l = (l_1, l_2, l_3, l_4) = $（良好，合格，注意，严重），分别定义为四朵云，$C_i = (C_1, C_2, C_3, C_4)$，其中 E_{xi} 的计算式为

$$E_{xi} = \begin{cases} 0 & ,i=1 \\ (a+b)/2 & ,i=2 \\ (b+c)/2 & ,i=3 \\ 1 & ,i=4 \end{cases} \qquad (8-20)$$

其中，根据表 8-1，取 $a=0.2$，$b=0.5$，$c=0.8$。

E_{ni} 的计算式为

$$E_{ni} = \begin{cases} (E_{x2} - E_{x1})/3 & (i=1) \\ (E_{x2} - E_{x1})/3 & (i=2) \\ (E_{x3} - E_{x2})/3 & (i=3) \\ (E_{x4} - E_{x3})/3 & (i=4) \end{cases} \tag{8-21}$$

确定 $He = q = 0.005$，其数字特征计算结果见表 8-4。

表 8-4 数 字 特 征 表

l_i	C_i	E_{xi}	E_{ni}	H_{ei}
l_1	C_1	0	0.117	0.005
l_2	C_2	0.35	0.117	0.005
l_3	C_3	0.650	0.100	0.005
l_4	C_4	1.000	0.117	0.005

隶属度公式为

$$u = e^{-\frac{(x-E_x)^2}{2E_n^2}} \tag{8-22}$$

将 $x = gd$ 代入式（8-7），形成 (x, u)，即为相对于论域 U 的一个云滴，最终足够的云滴形成云，再从得到的云模型计算出指标参数的云隶属度。

8.3.4 基于 DS 证据理论的风电状态评估

1. 识别框架及 mass 函数

将风电机组健康状态划分为良好、合格、注意、严重，形成的识别框架就为 $l = (l_1, l_2, l_3, l_4) = $ (良好，合格，注意，严重)。在识别框架中，用 mass 函数计算对于各个元素的概率，记为 $m(x)$，且 $m(x)$ 满足

$$\begin{cases} m(\varnothing) = 0 \\ \sum_{A \subseteq \Theta} m(A) = 1 \end{cases} \tag{8-23}$$

2. 基于云模型的 mass 函数确定方法

表 8-3 为对运行状态等级的划分，用云模型表示每个状态等级。由建立的状态等级云模型计算每个评估指标劣化度的云滴，从而得到所对应的隶属度。针对评估指标 R_{ij}，根据图 8-13 的模糊评判指标，利用 X 条件正向云发生器获取该因素对应状态等级的隶属度。当求得所有隶属度后，可以构建关于该指标的隶属度矩阵，对获得的隶属度进行归一化的处理，可以得到 mass 函数。归一化处理的公式为

$$m_{jk}(l_i) = \frac{u_{jk}(l_i)}{\sum_{i=1}^{4} u_{jk}(l_i)} \tag{8-24}$$

3. Yager 合成规则

对于 $\forall A \subseteq \Theta$，$\Theta$ 上的两个 mass 函数 m_1，m_2 的 Yager 合成规则为

$$m_{li} = \begin{cases} \sum_{A \cap B = l_i} m_1(A) \times m_2(B) (l_i \neq l_\Theta) \\ \sum_{A \cap B = l_i} m_1(A) \times m_2(B) + K (l_i = l_\Theta) \end{cases} \tag{8-25}$$

$$K = \sum_{A \cap B = \varnothing} m_1(A) \cdot m_2(B)$$

4. 评估规则确定

对于评估结果的确定采用最大信任规则，对于建立的两层状态评估模型，对每一层均采用最大信任规则确定评估结果，最后综合项目层的最大信任规则，即选用第二步合成规则最大值对应的状态作为整机健康状态评估的结果。

5. mass 函数的修正

由于风电机组状态评估各个子项目层里面包括多个评估指标，有时会出现评估指标信息之间高度冲突的问题，采用修正 mass 函数的方法，从形成的 mass 函数矩阵中将对应劣化程度严重的行向量提取出来，并重组为新的 mass 函数。

（1）mass 函数的一次修正。对于评估指标会发生高度冲突的问题，需要优先考虑其中某一个评估指标，在此引入优先度，优先度越大表示评估集反应证据信息的能力越强，优先级确定公式为

$$P_{Ri} = M_{Ri} \times p(L) \tag{8-26}$$

由于识别框架为 $l = (l_1, l_2, l_3, l_4)$，确定优先度 $p_L = (p_{11}, p_{12}, p_{13}, p_{14})$，根据相对劣化度对于状态等级的划分，定义 $p_L = (0, 0.2, 0.5, 0.8)$。评估优先级应满足

$$P_{R_i} \geqslant \frac{1}{n} \sum_{j=1}^{n} P_{R_{ij}} \tag{8-27}$$

此时提取对应的 mass 函数，重新形成新的 mass 函数矩阵 $M_{R_i'}$。

但对于 $M_{R_i'}$ 的评估指标也会出现信息高度冲突问题。为了对上一步产生的 $M_{R_i'}$ 进行修正，对状态 $l = (l_1, l_2, l_3, l_4)$ 引入相容系数，相容系数表示每个评估指标对于状态的支持度。相容系数公式计算的状态 l_i 的支持度为

$$\omega_{Rij}(l_i) = \frac{2 m_{Rij}'(l_i) \bar{m}_{R_i}'(l_i)}{m_{Rij}'(l_i)^2 + \bar{m}_{R_i}'(l_i)^2} \tag{8-28}$$

用支持度对 mass 函数进行重新分配，即

$$m_{Rij}''(l_i) = \omega_{Rij}(l_i) \times m_{Rij}'(l_i) \tag{8-29}$$

此时，根据 mass 函数和为 1 的特性，识别框架外的 mass 函数的计算公式为

$$m_{Rij}''(l_\Theta) = 1 - \sum_{i=1}^{4} m_{Rij}''(l_i) \tag{8-30}$$

进而得到 R_{ij} 修正的 mass 函数为

$$m''_{R_{ij}} = [m''_{R_{ij}}(l_1), m''_{R_{ij}}(l_2), m''_{R_{ij}}(l_3), m''_{R_{ij}}(l_4), m''_{R_{ij}}(l_\Theta)] \qquad (8-31)$$

（2）mass 函数的二次修正。得到各个子项目层的修正 mass 函数后，运用 Yager 融合规则对各子项目层修正的 mass 函数进行融合，对融合得到的 mass 函数重复一次 mass 函数矩阵的修正步骤，最后得到整个风电机组融合的 mass 函数，按照最大信任度规则，得到整个风电机组的状态。

8.3.5 风电机组状态评估流程

风电机组状态评估流程如图 8-14 所示，具体步骤如下：

（1）根据风电机组状态评估指标，建立两级状态评价指标体系。

（2）获取 SCADA 系统和 CMS 系统的风电机组运行状态评估指标参数，用后一时刻的值减去当前时刻的值，得到历史数据变化量序列。

（3）建立状态转移矩阵，用马尔可夫链模型预测下一时刻的值，求得动态劣化度。

（4）建立云模型，求出相应指标的隶属度。

（5）进行证据源的修正，再进行两级 mass 函数修正，按照最大信任规则得出状态评估结果。

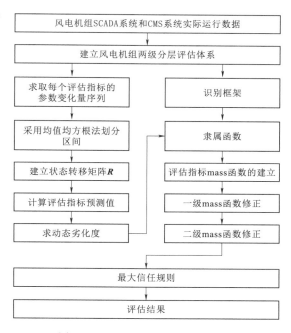

图 8-14　风电机组状态评估流程

8.3.6 算例分析

（1）选取风电机组监测的一组数据（表 8-5），按照图 8-14 风电机组的评估流程得到评估结果。

1）评估指标动态劣化度的确定。根据动态劣化度的确定方法，先对数据进行预处理，然后利用 3σ 原则确定状态评估指标的上、下限值，求得各个指标的劣化度，最终形成项目层的劣化度向量如下：

$$\boldsymbol{g}_{R1} = [0.531462 \quad 0.526216 \quad 0.760501 \quad 0.815734$$
$$0.670615 \quad 0.025718 \quad 0.038972 \quad 0.093579]$$
$$\boldsymbol{g}_{R2} = [0.50777 \quad 0.513115 \quad 0.612209 \quad 0.697179$$
$$0.00258 \quad 0.01365 \quad 0.05214]$$

表 8-5   监 测 数 据

评估指标	监测数据	评估指标	监测数据
R11	72	R27	0.087245
R12	70.3	R31	12.8
R13	69.7	R32	7.601223
R14	30.4	R33	0.0017
R15	47.8	R34	0.0012
R16	22.5	R41	31.3
R17	0.232671	R42	24.5
R18	0.112378	R51	15.3
R21	61.3	R52	12.1
R22	64.4	R53	1189
R23	39	R54	2.5
R24	51.3	R61	11.63808
R25	0.049782	R62	13.4
R26	0.061458	R63	1359.5

$$\boldsymbol{g}_{R3} = \begin{bmatrix} 0.882237 & 0.117619 & 0.025213 & 0.052498 \end{bmatrix}$$

$$\boldsymbol{g}_{R4} = \begin{bmatrix} 0 & 0.154689 \end{bmatrix}$$

$$\boldsymbol{g}_{R5} = \begin{bmatrix} 0.787084 & 0.835789 & 0.103075 & 0 \end{bmatrix}$$

$$\boldsymbol{g}_{R6} = \begin{bmatrix} 0.125, & 0.256, & 0 \end{bmatrix}$$

2）mass 函数的确定。每一个子项目层组成一个 mass 矩阵，先令识别框架外的未知焦元 $m'(\Theta)=0$。形成 5 个 mass 函数矩阵如下

$$\boldsymbol{M}_{R1} = \begin{bmatrix} 0 & 0.895 & 0.105 & 0 & 0 \\ 0 & 0.9 & 0.1 & 0 & 0 \\ 0 & 0.91 & 0.09 & 0 & 0 \\ 0 & 0.131 & 0.869 & 0 & 0 \\ 0 & 0 & 0.92 & 0.08 & 0 \\ 0 & 0.43 & 0.57 & 0 & 0 \\ 1 & 0 & 0 & 0 & 0 \\ 1 & 0 & 0 & 0 & 0 \end{bmatrix}$$

$$\boldsymbol{M}_{R2}=\begin{bmatrix} 0 & 0.9741 & 0.0259 & 0 & 0 \\ 0 & 0.956 & 0.044 & 0 & 0 \\ 0 & 0.625 & 0.375 & 0 & 0 \\ 0 & 0.342 & 0.658 & 0 & 0 \\ 1 & 0 & 0 & 0 & 0 \\ 0.98 & 0.02 & 0 & 0 & 0 \\ 1 & 0 & 0 & 0 & 0 \end{bmatrix}$$

$$\boldsymbol{M}_{R3}=\begin{bmatrix} 0 & 0 & 0.589 & 0.411 & 0 \\ 1 & 0 & 0 & 0 & 0 \\ 1 & 0 & 0 & 0 & 0 \\ 0.973 & 0.027 & 0 & 0 & 0 \end{bmatrix}$$

$$\boldsymbol{M}_{R4}=\begin{bmatrix} 1 & 0 & 0 & 0 & 0 \\ 1 & 0 & 0 & 0 & 0 \end{bmatrix}$$

$$\boldsymbol{M}_{R5}=\begin{bmatrix} 0 & 0.043 & 0.957 & 0 & 0 \\ 0 & 0 & 0.82 & 0.18 & 0 \\ 1 & 0 & 0 & 0 & 0 \\ 1 & 0 & 0 & 0 & 0 \end{bmatrix}$$

$$\boldsymbol{M}_{R6}=\begin{bmatrix} 1 & 0 & 0 & 0 & 0 \\ 1 & 0 & 0 & 0 & 0 \\ 1 & 0 & 0 & 0 & 0 \end{bmatrix}$$

得到各个子项目层的 mass 函数后，形成整个风电机组的 mass 函数矩阵为

$$\boldsymbol{M}_{R}=\begin{bmatrix} 0 & 0.061 & 0.8 & 0 & 0.139 \\ 0 & 0.549 & 0.186 & 0 & 0.275 \\ 0 & 0 & 0.589 & 0.411 & 0 \\ 1 & 0 & 0 & 0 & 0 \\ 0 & 0.005 & 0.822 & 0.001 & 0.172 \\ 1 & 0 & 0 & 0 & 0 \end{bmatrix}$$

再按照前面相同的方法，对 mass 函数矩阵进行融合。

同理采用 DS 进行证据融合，得到此时的 mass 函数为 $\boldsymbol{M}_{R}=[0，0.004，0.813，0.15，0.033]$，按照最大信任原则，此时风电机组的运行状态评估为"注意"。

（2）风电机组在 2014 年 5 月 28 日 9 时 42 分由于发电机绕组温度过高发生停机，取该机组停机前 48h、前 24h、前 10h、前 8h，前 2h，前 10min，以及故障时刻 7 个时刻的监测数据，记录的监测数据见表 8-6，所提方法对这 7 个时刻的风电机组状态进行评估和传统 DS 证据理论融合进行比较，结果见表 8-7。

表 8-6　　　　　　　　　　　某风电场 13 号风电机组的监测数据

评估指标	监 测 时 间 点						
	2014-5-26 9：42	2014-5-27 9：42	2014-5-27 23：48	2014-5-28 01：48	2014-5-28 7：42	2014-5-28 9：32	2014-5-28 9：42
R11	54.2	53.4	56.4	50	57.7	82.5	86.1
R12	54.3	53.6	56.6	51	57.3	81.3	85.9
R13	53.9	53.2	56.2	50.1	57.1	81.4	85.5
R14	33.7	33.8	34.3	35.2	34.1	40	42.2
R15	44.3	43.5	43.1	38.5	48.5	48	65.3
R16	41.1	22.2	47	43.7	28.3	31.3	37.7
R17	0.231671	0.214792	0.225879	0.202358	0.235847	0.258964	0.214589
R18	0.114378	0.124666	0.142587	0.122134	0.110213	0.112403	0.158941
R21	64.1	62.5	57.3	48.8	59.5	54.7	54.2
R22	69.8	65	59.1	46.9	60	52.9	52.1
R23	47.1	42.6	48.4	36.1	51.5	43	41.8
R24	57.2	59.1	54	49.9	56.1	54.8	54.5
R25	0.049782	0.045897	0.0462146	0.0417891	0.0412578	0.0495478	0.0475621
R26	0.062458	0.062587	0.0598741	0.0631579	0.0578412	0.0635479	0.0542154
R27	0.079245	0.084213	0.0824561	0.0845783	0.0821430	0.0792487	0.0812463
R31	18.3	17.5	16.4	15.8	18.5	22.1	22.2
R32	-22.95871	15.3763	18.05725	-0.8326637	12.86705	15.57905	5.968368
R33	0.0021	0.0017	0.0015	0.0026	0.0021	0.0028	0.0031
R34	0.0014	0.0015	0.0021	0.0018	0.0017	0.0015	0.0024
R41	31.1	42.5	34.1	32.3	36.4	36.1	35.8
R42	27	40.3	31.3	29.3	34.6	34.6	34.4
R51	19.3	30.5	25.1	22.1	25.1	27.6	27.6
R52	21	19.3	20.3	20.7	21.6	23.5	23.6
R53	1189	1214	1154	1136	1256	1148	645
R54	2.5	-1.2	-1.2	2.5	2.5	2.5	2.5
R61	11.63808	10.90711	9.980773	1.978516	4.961213	3.384645	2.294639
R62	25.6	24.7	23.1	22.9	25.8	27.9	24.2
R63	1221	1452	1348	1258	1254	1289	354

表 8 - 7 某风电场 13 号风电机组的评估结果

时间点	所提方法 $(m_{R1}, m_{R2}, m_{R3}, m_{R4}, m'(\Theta))$	评估结果	传统 DS 证据理论 $(m_{R1}, m_{R2}, m_{R3}, m_{R4})$	评估结果
2014 - 5 - 26 9：42	[0.923, 0.025, 0.023, 0.029, 0]	良好	[1, 0, 0, 0]	良好
2014 - 5 - 27 9：42	[0.852, 0.139, 0, 0, 0.009]	良好	[0.985, 0.01, 0, 0.005]	良好
2014 - 5 - 27 23：48	[0.156, 0.753, 0.012, 0, 0.079]	合格	[0.856, 0.1, 0.023, 0.021]	良好
2014 - 5 - 28 01：48	[0, 0.256, 0.658, 0.086, 0]	注意	[0.789, 0.2, 0, 0.011]	良好
2014 - 5 - 28 7：42	[0.142, 0.084, 0.6930, 0, 0.081]	注意	[0.546, 0.321, 0.133, 0]	良好
2014 - 5 - 28 9：32	[0, 0, 0.078, 0.8182, 0.1038]	严重	[0.013, 0.849, 0.025, 0.113]	合格
2014 - 5 - 28 9：42	[0, 0, 0, 1, 0]	严重	[0, 0.929, 0.021, 0.05]	合格

从评估结果可以看出，机组停机前 48h 和机组停机前 24h 运用所提的评估方法得到的机组运行状态都为"良好"，机组停机前 8h 运用所提评估方法得到的机组运行状态为"合格"，此时计算发电机 A 相绕组温度的劣化度 $g_d = 0.327$，由于没有及时发现发电机绕组发热，机组运行 8h 后，采用所提评估方法得到其运行状态为"注意"，在停机前 10min 其运行状态为"严重"，与该台机组实际的运行情况相符。而用传统的 DS 证据理论对此机组进行评估时，停机前 48h 和停机前 24h 能正确评估风电机组状态，后面的时刻具有延迟性，不能正确评估风电机组状态，所提评估方法能提早预测风电机组的状态，更具优越性。

8.4 基于大数据的风电机组故障预测技术

故障预测是在设备故障真正发生之前通过分析一些相应的特征数据来获知故障是否将要发生或者发生的概率，依据状态发展趋势采取一定的预防措施阻止故障的发生。故障发展趋势如图 8-15 所示，大多数设备故障的发生并不是瞬间爆发的，都要经历一个发展阶段，也就是说很多故障在发生前的一段时间内都会有一个信号变化过程，称此类信号为潜在故障信号。潜

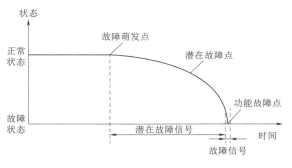

图 8-15 故障发展趋势图

在故障信号与设备正常运行的状态特征信号是有区别的。如果能够在故障发生前识别出此信号，就能够提前制定合理的检修计划，减少因设备突然停机造成的损失，保证设备的安全可靠运行。故障预测通常对具有已知量、渐进劣化的故障和失效模式有效，对于随机的故障和失效模式预测较为困难。

按照故障预测的等级可以将故障预测分为初级预测和精确预测。对于两种预测可以有不同的解释。初级预测只是对设备运行状态进行定性评估，预测设备是否存在故障隐患。精确预测为预测设备到下次故障出现前的剩余寿命或者预测设备正常运行到未来某一时间点（如下次检修时间）的概率，需要对设备故障的发展程度有一个定量的表示。从另一个层面上，初级预测也可以理解为对设备故障的粗略预测，不确定将要发生的故障类型或者只能确定大致的故障范围；精确预测也可以理解为对设备的某一特定故障进行预测，能够准确确定故障的类型或者各个故障发生的概率。随着预测等级的升高，预测的成本和难度也在加大。

近代故障诊断技术的发展已经历 30 多年，相比于刚刚兴起的故障预测技术更成熟，相关的研究也更加全面而深入。故障诊断是在故障发生之后做出诊断并及时采取有效措施排除故障，减少故障对机组的进一步损害并使机组尽快恢复运行。故障诊断存在一定的弊端，就是不能避免故障的发生，故障终究会对机组的正常运行造成一定程度的影响。而故障预测则能提前一步，在故障发生之前做出预测，维护人员可以根据预测结果决定是否进行维护，从而避免故障的发生。显然，故障预测是比故障诊断更高级的维修保障形式，然而两者在技术实现上又有相通之处，如果把潜在故障当作一种故障，故障预测也可以看作是故障诊断，故障诊断的一些方法完全可以应用到故障预测中。

8.4.1 风电机组趋势预测模型构建

8.4.1.1 趋势预测模型 LSTM 结构

针对风电机组数据预测所具有的时间跨度大、具有一定相关性、周期性等特点，可采用长短期记忆神经网络（long short - term memory，LSTM）来构建预测模型的一部分。LSTM 是对普通的循环神经网络（recurrent neural network，RNN）进行延伸。与浅层神经网络或其他机器学习算法相比，RNN 是一种功能强大的神经网络，特别适合处理时间序列方面的问题，但该网络在训练过程中会出现梯度爆炸或梯度消失，而且不具备长期记忆功能。LSTM 神经网络与标准的 RNN 神经网络相比，在隐藏层各神经单元中增加记忆单元，从而使时间序列上的记忆信息可控，每次在隐藏层各单元间传递时通过几个可控门（遗忘门、输入门、候选门、输出门），可以控制之前信息和当前信息的记忆和遗忘程度，从而使 RNN 网络具备了长期记忆功能。目前，LSTM 神经网络已在大量时间序列学习任务中得到广泛应用。LSTM 擅长学习长期依

赖，它能够通过门来控制传输状态，记住需要长时间记忆的，忘记不重要的信息，其
结构如图 8-16 所示。

图 8-16 中，c_t 为 t 时刻的神经网络
单元状态，h_t 的意义为 t 时刻神经网络
的输出值。LSTM 设计两个门控制记忆
单元状态 c 的信息量：一个是遗忘
门（forget gate），它决定了上一时刻的
单元状态有多少"记忆"可以保留到当
前时刻；另一个是输入门（input gate），
它决定了当前时刻的输入有多少保存到
单元状态。LSTM 还设计了一个输出
门（output gate），来控制单元状态有多

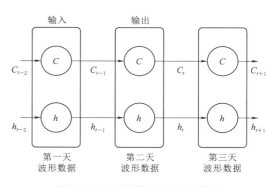

图 8-16 预测模型 LSTM 结构

少信息输出。LSTM 关键在于神经单元的状态，以及所传递的信息，决定了上一层的
单元信息有多少需要遗忘，以及新增加的信息需要保留多少，这两部分信息同时输入
下一层单元，开始下一轮的训练和传递，最终网络可以学习到时间序列的分布。

8.4.1.2 趋势预测模型 LSTM 网络训练

与前馈神经网络类似，LSTM 网络的训练同样采用误差的反向传播算法（back
propagation，BP），不过因为 LSTM 处理的是序列数据，所以在使用 BP 时需要将整
个时间序列上的误差传播回来，逐次进行训练。模型训练的思想是：给定神经网络，
确定网络层数、输入输出维度、遗忘门偏置量，确定训练次数，将预测结果与数据集
比对，调整网络参数，确定隐层权重偏置量，从而得到网络模型。

趋势预测模型的数据项为振动和摆度数据，其历史数据来自某风电场大数据平
台。对于某一段序列数据，其隐藏层网络结构如图 8-17 所示。

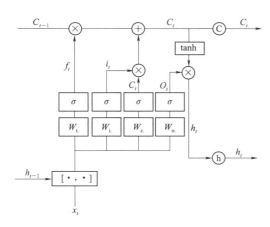

图 8-17 隐藏层网络结构

图 8-17 中，σ 与 tanh 分别表示的是
激活函数 sigmoid 与 tanh。W_t、W_i、
W_o、W_c 分别表示遗忘门、输入门、输出
门和计算单元门的权重矩阵与偏置顶。每
个权重矩阵可以都由两个矩阵 W_{fh} 和 W_{fx}
拼接而成。在当前 t 时刻，LSTM 的输入
量有当前时刻网络的输入值 x_t、上一时刻
LSTM 的输出值 h_{t-1} 以及上一时刻的单元
状态 C_{t-1}；输出量有当前时刻 LSTM 输
出值 h_t 和当前时刻的单元状态 C_t。使用
三个控制开关来控制，即：遗忘门

（forget gate），它决定了上一时刻的单元状态 C_{t-1} 有多少保留到当前时刻 C_t；输入门（input gate），它决定了当前时刻网络的输入 x_t 有多少保存到单元状态 C_t；输出门（output gate），控制单元状态 C_t 有多少输出到 LSTM 的当前输出值 h_t。

趋势预测模型 LSTM 网络训练流程如图 8-18 所示。

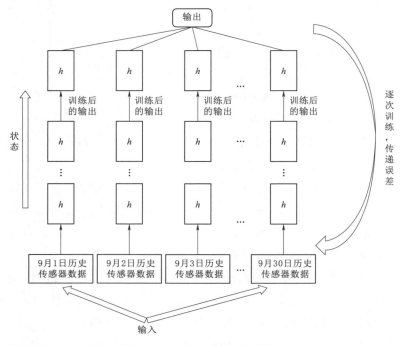

图 8-18　LSTM 网络训练流程

趋势预测模型 LSTM 网络训练算法的基本原理和 BP 算法相同，包含以下基本步骤：

（1）确定参数的初始化值，前向计算每个神经元的输出值。

（2）反向计算每个神经元的误差项值，该误差项值是误差函数 E 对神经元 j 加权输入的偏导数。

（3）计算每个权重参数的梯度，再用随机梯度下降算法更新权重。

与传统 RNN 类似，LSTM 误差项的反向传播包括两个层面：空间层面是将误差项向网络的上一层传播；时间层面是沿时间反向传播，即从当前 t 时刻开始，计算每个时刻的误差。

训练的核心是找寻最佳的权重矩阵和偏置项，算法使用代价函数来衡量神经网络在已有数据上的误差大小，然后通过调整每一个权值使得损失最小。

LSTM 的损失函数如下：

根据全概率公式，一个序列自然化的概率为

$$P(w_1,w_2,w_3,\cdots,w_T)=p(w_1)\times p(w_2|w_1)\times\cdots\times p(w_T|w_1,w_2,\cdots,w_{T-1})$$

$$(8-32)$$

趋势预测模型的目标就是最大化 P（w_1，w_2，w_3，$\cdots$，w_T），而损失函数通常转化为最小化问题，即

$$Loss(w_1,w_2,w_3,\cdots,w_T|\theta)=-\log P(w_1,w_2,w_3,\cdots,w_T|\theta) \quad (8-33)$$

式（8-33）最终可展开为

$$Loss(w_1,w_2,w_3,\cdots,w_T|\theta)$$
$$=-[\log p(w_1)+\log p(w_2|w_1)+\cdots+\log p(w_T|w_1,w_2,\cdots,w_{T-1})]$$

在 LSTM 中，为了减少反向传播误差，通过隐藏状态 h_t 的梯度 C_t 逐步向前传播，得到权重 W_f 梯度推导公式为

$$\frac{\partial L}{\partial W_f}=\sum_{t=1}^{T}\frac{\partial L}{\partial C_t}\frac{\partial C_t}{\partial f_t}\frac{\partial f_t}{\partial w_f}=\sum_{t=1}^{T}[\sigma_C^t\odot C_{t-1}\odot f_t\odot(1-f_{t-1})](h_{t-1})^T \quad (8-34)$$

8.4.1.3 趋势预测 ARMA 模型

ARMA 模型是一种研究时间序列的重要方法，由自回归模型（Auto Regressive，AR）与滑动平均模型（Moving Average，MA）为基础"混合"构成。其结构为

$$x_t=\phi_0+\phi_1 X_{t-1}+\cdots+\phi_p X_{t-p}+\varepsilon_t-\theta_1\varepsilon_{t-1}-\cdots-\theta_q\varepsilon_{t-q} \quad (8-35)$$

式中　　　　　X_t——要预测的数据；

X_{t-1}，$\cdots$，X_{t-p}——历史数据；

　　　　ϕ、θ——待求参数；

　　　　q、p——阶数；

　　　　ε——零均值白噪声序列。

对于某一段风电机组波形数据，采用 ARMA 模型预测的处理步骤如下：

（1）先判断当前序列是否为平稳序列，如为不平稳序列需要将其处理成平稳序列。

（2）输入训练数据拟合得到模型参数，不同的阶数会得到不同的模型。

（3）计算得到预测数据，如之前进行过平稳化处理，则需要进行逆平稳化处理。

ARMA 模型预测流程如图 8-19 所示。

8.4.1.4 基于 LSTM 和 ARMA 融合的趋势预测模型

在 LSTM 模型预测结果和 ARMA 模型预测结果的基础上进行数据融合，以提高风电机组波形数据预测精度。两种模型预测结果的数据融合方法为

$$\mathrm{Merged_{value}}=\Phi_{lstm}\mathrm{LSTM\_value}+\Phi_{arma}\mathrm{ARMA\_value} \quad (8-36)$$

式中　Φ_{lstm}、Φ_{arma}——LSTM 模型和 ARMA 模型预测结果的融合系数，范围为 $0\sim1$，

　　　　　　　　且满足 $\Phi_{lstm}+\Phi_{arma}=1$。

8.4.2 风电机组趋势预测技术实现

8.4.2.1 趋势预测总体架构

风电机组状态趋势预测总体架构包括数据读存模块、数据预处理模块、LSTM 模型训练模块、LSTM 模型预测模块、ARMA 模型预测模块、模型筛选模块、预测数据融合模块等，其总体架构如图 8-20 所示。

根据风电机组监测的历史数据可以预测出风电机组未来时刻的波形数据，实现风电机组运行状态趋势预测。

8.4.2.2 趋势预测实现

风电机组趋势预测过程包括数据预处理、模型训练和模型预测三部分内容。

1. 数据预处理

为了减少不必要的数据量，加快训练速度，需要对数据进行预处理。

考虑时间序列数据的时间自相关，根据周期间的差值，将相邻周期差值小的数据按照周期平均处理成一个周期，减少预测模型输入数据量。

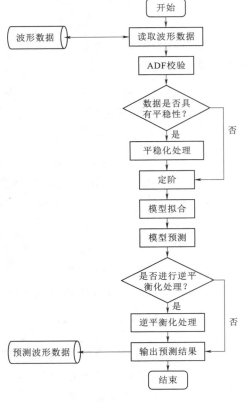

图 8-19 ARMA 模型预测流程

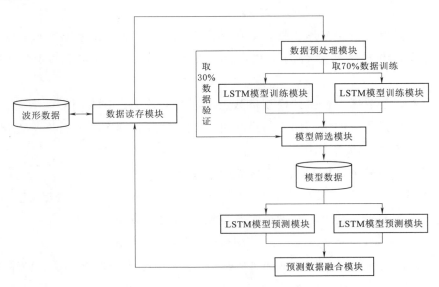

图 8-20 趋势预测总体架构

2. 模型训练

从波形数据数据库读入历史波形数据，对波形数据进行预处理，然后对预处理后的波形数据进行训练，模型训练完成后对模型进行筛选，并将模型予以保存。其模型训练流程如图 8-21 所示。

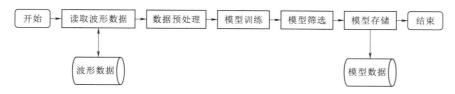

图 8-21　模型训练流程

根据对不同的预测要求（每天预测 1h、每周预测 1 天，每月预测 7 天），从平台中获取历史数据（主要是机组振动数据与摆度数据），选择历史数据的 60% 作为训练数据，输入模型中进行逐次训练，多次试验，将预测出的结果与剩下的 40% 的数据进行对比，计算误差值，保证 RMSE 误差控制在较小范围内。

3. 模型预测

读入一段波形数据并进行预处理，读取训练好的模型参数对该段波形数据进行预测。预测完成后，存入波形数据库中。模型预测流程如图 8-22 所示。

调用监测数据获取子模块，获取该预测项从最新时间点往前不同时段（1 小时、1 天、1 周）的监测数据，按平均值计算若干点并将数据保存在临时表中，然后调用趋势预测模型计算趋势预测数据，并提取临时预测结果表预测数据画出振动和摆度趋势预测曲线。

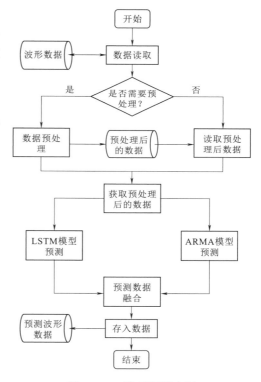

图 8-22　模型预测流程

8.5　基于大数据的风电机组工况预测方法

8.5.1　模型理论基础

卷积神经网络（convolutional neural networks，CNN）是一类包含卷积计算且具

有深度结构的前馈神经网络（feedforward neural networks），是深度学习（deep learning）的代表算法之一。卷积神经网络具有表征学习（representation learning）能力，能够按其阶层结构对输入信息进行平移不变分类（shift–invariant classification）等优势，因此也称为"平移不变人工神经网络（shift–invariant artificial neural networks，SIANN）。

基础的 CNN 由卷积（convolution）、激活（activation）和池化（pooling）三种结构组成。CNN 输出的结果是每幅图像的特定特征空间。当处理图像分类任务时，会把 CNN 输出的特征空间作为全连接层或全连接神经网络（fully connected neural network，FCN）的输入，用全连接层来完成从输入图像到标签集的映射，即分类。当然，整个过程最重要的工作就是如何通过训练数据迭代调整网络权重，也就是后向传播算法。目前主流的卷积神经网络（CNN），比如 VGG、ResNet 都是由简单的 CNN 调整组合而来。

8.5.1.1 卷积层

CNN 中最基础的操作是卷积，基础 CNN 所用的卷积是一种二维卷积。也就是说，卷积核只能在 x、y 上滑动位移，不能进行深度（跨通道）位移。对于图中的 RGB 图像，采用了三个独立的二维卷积核，所以这个卷积核的维度是 $x \cdot y \cdot 3$。在基础 CNN 的不同阶段中，卷积核的深度都应当一致，等于输入图像的通道数。

形式化的卷积操作可以表示为

$$y_{i^{l+1}}, j^{l+1}, d = \sum_{i=0}^{H} \sum_{j=0}^{W} \sum_{d^l=0}^{D^l} f_i, j, d^l, d \times x_{i^{l+1}+i}^l, j^{l+1}+j, d^l \tag{8-37}$$

式中　　l——神经网络的第 l 层，i、j、d 分别代表第 i 行，第 j 列，第 d 通道；

x——第 l 层的输入，通常是一个四维张量；

f_i, j, d^l, d——学习到的权重，该项权重对不同位置的所有输入都是相同的，这便是卷积层"权值共享"特性。

其中，(i^{l+1}, j^{l+1}) 为卷积结果的位置坐标，应满足

$$\begin{cases} 0 \leqslant i^{l+1} \leqslant H^l - H + 1 = H^{l+1} \\ 0 \leqslant j^{l+1} < W^l - W + 1 = W^{l+1} \end{cases} \tag{8-38}$$

其中，H、W 为在宽、高两个维度坐标的上限值。除此之外，通常还会在 y_i^{l+1}，j^{l+1}，d 上加入偏置项 bd。在误差反向传播时可针对该层权重和偏置项分别设置随机梯度下降的学习率。当然根据实际问题需要，也可以将某层偏置项设置为全 0，或将学习率设置为 0，以起到固定该层偏置或权重的作用。此外，卷积操作中有两个重要的超参数，即卷积核大小和卷积步长。合适的超参数设置会给最终模型带来理想的性能提升。

8.5.1.2 激活层

激活函数（activation functions）就是在人工神经网络的神经元上运行的函数，负

责将神经元的输入映射到输出端。引入激活函数是为了增加神经网络模型的非线性。激活函数给神经元引入了非线性因素，使得神经网络可以任意逼近任何非线性函数，这样神经网络就可以应用到众多的非线性模型中。

常见的激活函数如下：

（1）线性整流单元（ReLU）为

$$ReLU(x) = \begin{cases} x & (x > 0) \\ 0 & (x \leqslant 0) \end{cases} \tag{8-39}$$

（2）Sigmoid 函数为

$$S(x) = \frac{1}{1 + e^{-x}} \tag{8-40}$$

（3）tanh 函数为

$$S(x) = \frac{1}{1 + e^{-x}} \tanh x = \frac{e^x - e^{-x}}{e^x + e^{-x}} \tag{8-41}$$

8.5.1.3 池化层

池化是一种降采样操作（subsampling），主要作用是降低 feature maps 的特征空间，或者可以认为是降低 feature maps 的分辨率。因为 feature map 参数太多，而图像细节不利于高层特征的抽取。

池化层的具体作用如下：

（1）不变性。不变性包括平移、旋转、尺度不变性。所谓特征不变性就是指图像处理中特征的尺度不变性。如果一幅狗的图像被缩小了一倍还能认出这是一只狗，说明这幅图像仍保留着狗最重要的特征，图像压缩时去掉的信息只是一些无关紧要的信息，而留下的信息则是具有尺度不变性的特征，最能表达图像的特征。

（2）特征降维。特征降维是保留主要特征的同时减少参数和计算量，防止过拟合，提高模型泛化能力。一幅图像含有的信息量是很大的，特征也很多，对于图像任务来说有些信息是有冗余的，可以把这类冗余信息去除，把最重要的特征抽取出来。

目前主要池化操作如下：

（1）最大值池化（max pooling）：2×2 的 max pooling 就是取 4 个像素点中的最大像素值保留。

（2）平均值池化（average pooling）：2×2 的 average pooling 就是取 4 个像素点中平均值保留。

（3）池化（L2 pooling）：即取均方值保留。

8.5.2 工况预测模型结构

风电机组工况预测模型的网络结构流程图如图 8-23 所示，网络的输入为要预测的风电场有功功率值和历史测点值。由于时序数据的当前状态值与前一段时间的状态有关系，经过九层卷积最终得到工况所对应的测点值。

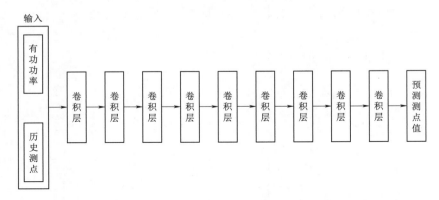

图 8 - 23　模型网络结构流程图

8.5.3　工况预测流程

对风电机组不同工况下的数据预测主要步骤如下：

（1）读取数据，从数据中筛选出稳定工况下的数据。

（2）根据不同的时间尺度采集数据，即选择不同的数据采集频率。

（3）根据不同时间跨度分割数据，时间跨度是指每次预测的时间长短。

（4）数据归一化处理。为达到更好的效果，在预测之前，需要对当前已采集的数据作归一化处理。

（5）构建 CNN 网络模型。

（6）划分训练集和测试集，进行网络训练。

（7）模型训练完成后，测试模型在测试集上的泛化效果。

8.6　本章小结

随着风电大数据时代的到来，蕴含在海量运行数据中的机组状态知识与规律能及时得到挖掘，从而给机组运行与检修工作提供应有的决策支持。本章研究了风电机组异常数据清洗方法，包括数据预清洗、分散型异常数据清洗与堆积型异常数据清洗方法，并有算例加以验证；研究了风电机组全寿命周期评估方法，构建风电机组的两级状态评价指标体系，给出了基于 DS 证据理论的风电状态评估方法并予以算例验证；研究了基于大数据的风电机组故障预警技术，实现了对风电机组故障的快速准确识别故障预警；研究了基于大数据的风电机组工况预测方法，构建了基于深度卷积神经网络的风电机组工况回归模型，实现了对风电机组各种工况的预测。

Hadoop 的安装与配置

1. 安装操作系统并配置 IP

在 VMware 虚拟机中安装三台 Centos，分别作为 Master，Slave1，Slave2，并配置 root 用户。配置三台机器的 IP 地址，本次示例 IP 分别为：

Master：192.168.157.128
Slave1：192.168.157.129
Slave2：192.168.157.130

2. 修改主机名及配置 hosts 文件（三台机器）

hostnamectl set - hostname master
hostnamectl set - hostname slave1
hostnamectl set - hostname slave2
vi /etc/hosts
192.168.157.128 master master.root
192.168.157.129 slave1 slave1.root
192.168.157.130 slave2 slave2.root

3. 关闭防火墙（三台机器）

systemctl stop firewalld   ♯关闭防火墙
systemctl status firewalld   ♯查看防火墙状态

4. 配置时间同步

首先配置好 Master 时区，在 Master 上输入命令 tzselect，选择时区，依次按提示输入 5，9，1，1。

然后输入命令（三台机器）：

yum install - y ntp   ♯三台机器上安装 ntp
vi /etc/ntp.conf   ♯Master 上修改配置文件
server 127.127.1.0
fudge 127.127.1.0   stratum 10
/bin/systemctl restart ntpd.service   ♯Master 上重启 ntp 服务

在 Slave1、Slave2 上输入命令 ntpdate master

5. 配置 SSH 免密

在 Master 上执行以下操作：

```
cd ~
ssh - keygen - t dsa - P " - f ~/. ssh/id_dsa
cd . ssh/
cat id_dsa. pub >> authorized_keys          #
ssh master                                  # ssh 内环
exit                                        # 登出
ssh master                                  # 再次登陆 ssh
exit
```

在 Slave1、Slave2 上分别执行以下操作：

```
scp master:~/. ssh/id_dsa. pub . /master_dsa. pub
cat master_dsa. pub >> authorized_keys
```

在 Master 上执行以下操作来验证免密登录：

```
ssh slave1
exit
ssh slave2
exit
```

6. 安装 JDK

首先，在三台机器上创建 java 工作目录：

```
mkdir - p /usr/java                         # 创建 java 工作目录(三台机器)
```

以下操作仅在 Master 上操作：

```
tar - zxvf /home/lan/jdk - 8u171 - linux - x64. tar. gz - C /usr/java    # 解压安装包
cd /usr/java
cd jdk1. 8. 0. 171/
pwd
vi /etc/profile                                                        # 修改环境变量配置文件 profile
```

在 export PATH USER LOGNAME MAIL HOSTNAME HISTSIZE HISTCON-
TROL 下面添加：

```
# java
export JAVA_HOME=/usr/java/jdk1. 8. 0_171
export CLASSPATH= $ JAVA_HOME/lib/
export PATH= $ PATH: $ JAVA_HOME/bin
export PATH JAVA_HOME CLASSPATH
```

完成后 wq，退出保存，之后再执行：

scp － r /etc/profile slave1:/etc/　　　　　＃分发环境变量至 Slave1、Slave2
scp － r /etc/profile slave2:/etc/
source /etc/profile　　　　　　　　　　　＃使环境变量生效(三台机器)
java － version　　　　　　　　　　　　　＃查看 java 版本号

7. ZooKeeper 安装

首先，在三台机器上创建 ZooKeeper 工作目录：

mkdir － p /usr/zookeeper　　　　　　＃创建 zookeeper 工作目录(三台机器)

以下操作仅在 Master 上操作：

tar － zxvf /home/lan/zookeeper － 3. 4. 10. tar. gz － C /usr/zookeeper　　＃解压
cd /usr/zookeeper/zookeeper － 3. 4. 10/conf/
scp zoo_sample. cfg zoo. cfg　　　　　＃拷贝 zoo_sample. cfg 并命名为 zoo. cfg

接下来修改 zoo. cft 文件（画下划线的为需要修改或增加的）：

```
# The number of milliseconds of each tick
tickTime＝2000
# The number of ticks that the initial
# synchronization phase can take
initLimit＝10
# The number of ticks that can pass between
# sending a request and getting an acknowledgement
syncLimit＝5
# the directory where the snapshot is stored.
# do not use /tmp for storage，/tmp here is just
# example sakes.
dataDir＝/usr/zookeeper/zookeeper － 3. 4. 10/zkdata
# the port at which the clients will connect
clientPort＝2181
# the maximum number of client connections.
# increase this if you need to handle more clients
#maxClientCnxns＝60
#
# Be sure to read the maintenance section of the
# administrator guide before turning on autopurge.
#
# http://zookeeper. apache. org/doc/current/zookeeperAdmin. html # sc_maintenance
#
# The number of snapshots to retain in dataDir
#autopurge. snapRetainCount＝3
# Purge task interval in hours
```

```
# Set to "0" to disable auto purge feature
#autopurge. purgeInterval=1
dataLogDir=/usr/zookeeper/zookeeper-3.4.10/zkdatalog
server. 1=master:2888:3888
server. 2=slave1:2888:3888
server. 3=slave2:2888:3888
```

之后返回 zookeeper-3.4.10 文件夹，创建 zkdata 和 zkdatalog 两个文件夹。

```
cd ..
mkdir zkdata
mkdir zkdatalog
```

进入 zkdata 文件夹，创建文件 myid，用于表示是几号服务器。master 主机中，设置服务器 id 为 1：

```
vi myid
1
```

接下来修改环境变量文件，在 java 增加的下边添加：

```
#zookeeper
export ZOOKEEPER_HOME=/usr/zookeeper/zookeeper-3.4.10
PATH=$PATH:$ZOOKEEPER_HOME/bin
```

修改后，分发到 Slave1 和 Slave2 上：

```
scp -r /etc/profile slave1:/etc/
scp -r /etc/profile slave2:/etc/
scp -r /usr/zookeeper slave1:/usr/zookeeper
scp -r /usr/zookeeper slave2:/usr/zookeeper
```

在三台机器上输入命令 source /etc/profile，使环境变量生效。之后需要修改 Slave1 和 Slave2 的 myid 文件：

```
cd /usr/zookeeper/zookeeper-3.4.10/zkdata        #在 Slave1 上操作
vi myid
2
cd /usr/zookeeper/zookeeper-3.4.10/zkdata        #在 Slave2 上操作
vi myid
3
```

启动 zookeeper 集群（三台机器）：

```
cd /usr/zookeeper/zookeeper-3.4.10/
bin/zkServer. sh start
bin/zkServer. sh status
```

8. Hadoop 安装

为 Master 创建工作目录，并解压：

mkdir – p /usr/Hadoop
tar – zxvf /home/lan/hadoop – 2. 7. 3. tar. gz – C /usr/Hadoop

修改环境变量文件：

vi /etc/profile

在 zookeeper 下增加以下内容：

♯ hadoop
export HADOOP_HOME＝/usr/hadoop/hadoop – 2. 7. 3
export CLASSPATH＝ $ CLASSPATH：$ HADOOP_HOME/lib
export PATH＝ $ PATH：$ HADOOP_HOME/bin

配置 hadoop 组件（带下划线的为增加或修改的内容）：

cd /usr/hadoop/hadoop – 2. 7. 3/etc/hadoop
vi hadoop – env. sh   ♯ 编辑 hadoop – env. sh 文件
♯ The jsvc implementation to use. Jsvc is required to run secure datanodes
export JAVA_HOME＝/usr/java/jdk1. 8. 0_171
♯ that bind to privileged ports to provide authentication of data transfer
♯ protocol. Jsvc is not required if SASL is configured for authentication of
♯ data transfer protocol using non – privileged ports.
♯ export JSVC_HOME＝ $ {JSVC_HOME}
vi core – site. xml   ♯ 编辑 core – site. xml 文件
＜configuration＞
＜property＞
  ＜name＞fs. default. name＜/name＞
    ＜value＞hdfs：//master：9000＜/value＞
＜/property＞
＜property＞
  ＜name＞hadoop. tmp. dir＜/name＞
    ＜value＞/usr/hadoop/hadoop – 2. 7. 3/hdfs/tmp＜/value＞
＜description＞A base for orher temporary directories＜/description＞
＜/property＞
＜property＞
  ＜name＞io. file. buffer. size＜/name＞
    ＜value＞131072＜/value＞
＜/property＞
＜property＞
  ＜name＞fs. checkpoint. perio＜/name＞
    ＜value＞60＜/value＞
＜/property＞

```
<property>
    <name>fs. checkpoint. size</name>
     <value>67108864</value>
</property>
</configuration>
vim yarn - site. xml                        #编辑 yarn - site. xml 文件
<configuration>
<property>
<name>yarn. resourcemanager. address</name>
     <value>master:18040</value>
</property>
<property>
    <name>yarn. resourcemanager. scheduler. address</name>
     <value>master:18030</value>
</property>
<property>
    <name>yarn. resourcemanager. webapp. address</name>
     <value>master:18088</value>
</property>
<property>
    <name>yarn. resourcemanager. resource - tracker. address</name>
     <value>master:18025</value>
</property>
<property>
    <name>yarn. resourcemanager. admin. address</name>
     <value>master:18141</value>
</property>
<property>
    <name>yarn. nodemanager. aux - services</name>
     <value>mapresuce_shuffle</value>
</property>
<property>
    <name>yarn. nodemanager. auxservices. mapreduce. shuffle. class</name>
     <value>org. apache. hadoop. mapred. ShuffleHandler</value>
</property>
<!— Site specific YARN configuration properties —>
</configuration>
vi hdfs - site. xml                        #编辑 hdfs - site. xml 文件
<configuration>
<property>
<name>dfs. replication</name>
     <value>2</value>
</property>
<property>
```

```
    <name>dfs. namenode. name. dir</name>
    <value>file:/usr/hadoop/hadoop - 2. 7. 3/hdfs/name</value>
    <final>ture</final>
  </property>
  <property>
    <name>dfs. datanode. data. dir</name>
    <value>file:/usr/hadoop/hadoop - 2. 7. 3/hdfs/data</value>
    <final>ture</final>
  </property>
  <property>
    <name>dfs. namenode. secondary. http - address</name>
    <value>master:9001</value>
  </property>
  <property>
    <name>dfs. webhdfs. enabled</name>
    <value>ture</value>
  </property>
  <property>
    <name>dfs. permissions</name>
    <value>flase</value>
  </property>
</configuration>
```

由于 Hadoop 没有 mapred - site. xml 文件，需要拷贝 mapred - site. xml. template 后再修改 mapred - site. xml 文件内容。

```
cp mapred - site. xml. template mapred - site. xml  #拷贝 mapred - site. xml 文件
vim mapred - site. xml                              #编辑 mapred - site. xml 文件
<configuration>
<property>
  <name>mapreduce. framework. name</name>
  <value>yarn</value>
</property>
</configuration>
vim slaves                                          #编辑 slaves 文件
save1
slave2
vi master                                           #创建并编辑 master 文件
master
```

以上在 Master 上已经搭建好 hadoop，接下来分发到 Slave1 和 Slave2 上：

```
scp - r /etc/profile slave1:/etc/                   #分发环境变量文件
scp - r /etc/profile slave2:/etc/
scp - r /usr/hadoop slave1:/usr/                    #分发 hadoop 目录
```

scp – r /usr/hadoop slave2：/usr/

至此，三台机器 hadoop 已安装完毕。接下来需要在 Master 上格式化 Namenode：

cd /usr/hadoop/hadoop – 2.7.3/etc/Hadoop
hadoop namenode – format

当出现"Exiting with status 0"时，表明格式化成功，之后需要开启集群：

cd /usr/hadoop/hadoop – 2.7.3/
sbin/start – all. sh

HBase 的 安 装 与 配 置

1. 创建工作路径，并将 HBase 解压到该路径中

```
mkdir /usr/HBase
tar - zxvf /opt/soft/HBase - 1. 2. 4 - bin. tar. gz - C /usr/HBase
```

2. 修改配置文件 conf/HBase - env. sh

```
cd /usr/HBase/HBase - 1. 2. 4/conf
cp HBase - env. sh. template HBase - env. sh
vi HBase - env. sh
```

添加如下内容：

```
export HBASE_MANAGES_ZK=false
export JAVA_HOME=/usr/java/jdk1. 8. 0_171
export HBASE_CLASSPATH=/usr/hadoop/hadoop - 2. 7. 3/etc/Hadoop
```

3. 修改配置文件 conf/HBase - site. xml

```
vi HBase - site. xml
```

添加如下内容：

```
<configuration>
  <property>
      <name>HBase. rootdir</name>
      <value>hdfs://master:9000/HBase</value>
  </property>
  <property>
      <name>HBase. cluster. distributed</name>
      <value>true</value>
  </property>
  <property>
      <name>HBase. master</name>
```

```
        <value>hdfs://master:6000</value>
    </property>
    <property>
        <name>HBase. zookeeper. quorum</name>
        <value>master,slave1,slave2</value>
    </property>
    <property>
        <name>HBase. zookeeper. property. dataDir</name>
        <value>/usr/zookeeper/zookeeper-3.4.10</value>
    </property>
</configuration>
```

4. 修改配置文件 conf/regionservers

vi regionservers

添加如下内容：

Slave1
Slave2

5. 将 hadoop 配置文件拷入 HBase 的 conf 目录下

cp /usr/hadoop/hadoop-2.7.3/etc/hadoop/hdfs-site. xml /usr/HBase/HBase-1.2.4/conf
cp /usr/hadoop/hadoop-2.7.3/etc/hadoop/core-site. xml /usr/HBase/HBase-1.2.4/conf

6. 将配置好的 HBase 文件夹分发到 Slave1 和 Slave2 中

scp-r /usr/HBase slave1:/usr/
scp-r /usr/HBase slave2:/usr/

7. 配置环境变量文件/etc/profile

vi /etc/profile

添加如下内容：

set HBase environment
export HBASE_HOME=/usr/HBase/HBase-1.2.4
export PATH= $PATH: $HBASE_HOME/bin

分发/etc/profile 到 Slave1 和 Slave2 中：

scp-r /etc/profile slave1: /etc/profile
scp-r /etc/profile slave2: /etc/profile

使环境变量生效（三台机器）：

source /etc/profile

8. 运行和测试

在 master 上执行（保证 hadoop 和 zookeeper 已开启）：

```
cd /usr/HBase/HBase - 1. 2. 4/
bin/start - HBase. sh
```

Hive 的 安 装 与 配 置

1. 在 slave2 上安装 MySQL server

```
yum－y install epel－release                                        //安装 EPEL 源
wget http://dev.mysql.com/get/mysql57－community－release－el7－8.noarch.rpm
                                                                   //安装 Mysql server 包,下载源安装包
rpm－ivh mysql57－community－release－el7－8.noarch.rpm   //安装源
yum－y install mysql－community－server                             //安装 MySQL
```

安装完成后启动 MySQL 服务:

```
systemctl daemon－reload              //重载所有修改过的配置文件
systemctl start mysqld               //开启服务
systemctl enable mysqld              //开机自启
```

在安装完毕后,/var/log/mysqld.log 文件中会自动生成一个随机的密码,需要先取得这个随机密码,以用于登录 MySQL 服务端:

```
grep "password" /var/log/mysqld.log  //获取初始密码
mysql－uroot－p                       //根据上步的初始密码登录
```

配置 MySQL 密码安全策略:

```
set global validate_password_policy＝0;                       //设置密码强度为低级
set global validate_password_length＝4;                       //设置密码长度
alter user ' root '@' localhost ' identified by ' 123456 ';   //修改密码
exit;                                                         //退出 MySQL
```

设置远程登录:

```
mysql－uroot－p123456                                               //以新密码登录
create user ' root '@'%' identified by ' 123456 ';                //创建用户
grant all privileges on *.* to ' root '@'%' with grant option;   //允许远程连接
flush privileges;                                                 //刷新权限
```

2. 在 slave1 上安装 hive

首先需要创建工作路径,并将 hive 解压。环境中 master 作为客户端,slave1 作

为服务器端，因此都需要使用到 hive。因为 hive 相关安装包存放在 master 中，因此先在 master 中对 hive 进行解压，然后将其复制到 slave1 中。

在 master 种操作如下（创建目录后需将 hive 安装包放到/usr/hive 下，可以用 XFtp）：

```
mkdir - p /usr/hive                    //创建工作目录
cd /usr/hive                           //进入工作目录
tar - zxvf apache - hive - 2. 1. 1 - bin. tar. gz    //解压 hive 安装包
```

以上步骤完成后，在 slave1 上创建/usr/hive 目录，然后将 master 上的 hive 工作目录远程发送到 slave1 上：

```
scp - r /usr/hive/apache - hive - 2. 1. 1 - bin root@slave1:/usr/hive/    //在 master 操作
```

修改/etc/profile 文件设置 hive 环境变量（master 和 slave1 执行）：

```
vi /etc/profile
```

然后在打开的 profile 文件中添加如下内容：

```
♯ set hive
export HIVE_HOME=/usr/hive/apache - hive - 2. 1. 1 - bin
export PATH= $ PATH: $ HIVE_HOME/bin
```

修改好后，保存退出，输入环境变量生效命令：

```
source /etc/profile                    //master 和 slave1 上执行
```

因为服务端需要和 MySQL 通信，所以服务端需要 MySQL 的 lib 安装包到 Hive _ Home/conf 目录下。

在 slave2 种执行如下命令：

```
scp /lib/mysql - connector - java - 5. 1. 5 - bin. jar root@slave1:/usr/hive/apache - hive - 2. 1. 1 - bin/lib
                                       //将 slave2 中的文件传输到 slave1 中
```

回到 slave1，修改 hive - env. sh 中 HADOOP _ HOME 环境变量：

```
cp hive - env. sh. template hive - env. sh    //复制并重命名 hive - env. sh
vi hive - env. sh
```

打开文件后，在其中添加如下内容：

```
HADOOP_HOME=/usr/Hadoop/hadooop - 2. 7. 3
```

保存退出后继续修改 hive - site. xml 文件：

```
vi hive - site. xml
```

打开文件后，在其中添加如下内容：

```
<configuration>
    <!— Hive 产生的元数据存放位置—>
<property>
        <name>hive. metastore. warehouse. dir</name>
        <value>/user/hive_remote/warehouse</value>
</property>
    <!— 数据库连接 JDBC 的 URL 地址—>
<property>
        <name>javax. jdo. option. ConnectionURL</name>    <value>jdbc:mysql://slave2:3306/hive? create-
DatabaseIfNotExist=true</value>
</property>
    <!— 数据库连接 driver,即 MySQL 驱动—>
<property>
        <name>javax. jdo. option. ConnectionDriverName</name>
        <value>com. mysql. jdbc. Driver</value>
</property>
<!— MySQL 数据库用户名—>
<property>
        <name>javax. jdo. option. ConnectionUserName</name>
        <value>root</value>
</property>
        <!— MySQL 数据库密码—>
<property>
        <name>javax. jdo. option. ConnectionPassword</name>
        <value>123456</value>
</property>
<property>
        <name>hive. metastore. schema. verification</name>
        <value>false</value>
</property>
<property>
        <name>datanucleus. schema. autoCreateAll</name>
        <value>true</value>
</property>
</configuration>
```

3. Master 作为客户端

由于客户端需要和 Hadoop 通信,所以需要更改 Hadoop 中 jline 的版本,即保留一个高版本的 jline jar 包,从 hive 的 lib 包中拷贝到 Hadoop 中 lib 位置为/usr/hadoop/hadoop – 2. 7. 3/share/hadoop/yarn/lib。命令如下:

cp /usr/hive/apache – hive – 2. 1. 1 – bin/lib/jline – 2. 12. jar /usr/hadoop/hadoop – 2. 7. 3/share/hadoop/yarn/lib/

修改 hive – env. sh:

cd /usr/hive/apache – hive – 2. 1. 1 – bin/conf

cp hive – env. sh. template hive – env. sh

vi hive – env. sh

添加如下内容：

HADOOP_NAME＝/usr/hadoop/hadoop – 2. 7. 3

修改 hive – site. xml：

vi hive – site. xml

添加如下内容：

```
<configuration>
    <!-- Hive 产生的元数据存放位置-->
<property>
    <name>hive. metastore. warehouse. dir</name>
    <value>/user/hive_remote/warehouse</value>
</property>
    <!--- 使用本地服务连接 Hive,默认为 true -->
<property>
    <name>hive. metastore. local</name>
    <value>false</value>
</property>
    <!-- 连接服务器-->
<property>
    <name>hive. metastore. uris</name>
<value>thrift://slave1:9083</value>
</property>
</configuration>
```

Spark 集群的安装与部署

1. 安装 Scala（Master）

mkdir /usr/scala
cd /usr/scala

将 scala – 2.13.1.tgz 通过 xftp 传输到 Master 中/usr/scala 目录下，然后解压配置 scala：

tar – zxvf scala – 2.13.1.tgz
vi /etc/profile

添加如下内容：

♯ scala
export SCALA_HOME=/usr/scala/scala – 2.13.1
export PATH= $ PATH: $ SCALA_HOME/bin

保存退出后，执行 source /etc/profile，使环境变量生效，之后执行 scala – version，查看 scala 版本号，检验是否安装好。

2. 安装 Spark（Master）

mkdir /usr/spark
cd /usr/spark

将 spark – 2.4.4 – bin – hadoop2.7.tgz 通过 xftp 传输到 Master 中/usr/spark 目录下，然后解压配置 spark：

tar – zxvf spark – 2.4.4 – bin – hadoop2.7.tgz
vi /etc/profile

添加如下内容：

♯ spark
export SPARK_HOME=/usr/spark/spark – 2.4.4 – bin – hadoop2.7
export PATH= $ PATH: $ SPARK_HOME/bin

保存退出后，执行 source /etc/profile，使环境变量生效。接下来执行命令：

```
cd /usr/spark/spark - 2. 4. 4 - bin - hadoop2. 7/conf
cp spark - env. sh. template spark - env. sh
vi spark - env. sh
```

添加如下内容：

```
export SCALA_HOME=/usr/scala/scala - 2. 13. 1/
export JAVA_HOME=/usr/java/jdk1. 8. 0_171/
export HADOOP_HOME=/usr/hadoop/hadoop - 2. 7. 3/
export HADOOP_CONF_DIR= $ HADOOP_HOME/etc/hadoop
export SPARK_HOME=/usr/spark/spark - 2. 4. 4 - bin - hadoop2. 7/
export SPARK_MASTER_IP=master
export SPARK_EXECUTOR_MEMORY=4G
```

保存退出后继续更改 slaves 文件：

```
cp slaves. template slaves
vi slaves
```

添加如下内容：

```
192. 168. 157. 128 master
192. 168. 157. 129 slave1
192. 168. 157. 130 slave2
```

保存退出后在 Master 上已配置好 Spark 集群，需要将配置好的 Spark 文件发送到 Slave1 和 Slave2 上：

```
scp - r /usr/spark slave1:/usr/
scp - r /usr/spark slave2:/usr/
scp - r /etc/profile slave1：/etc/profile
scp - r /etc/profile slave2：/etc/profile
```

在 Slave1 和 Slave2 上执行 source /etc/profile，使环境变量生效。

3. 启动 Spark 集群

Master 上执行，注意启动 Spark 之前要先把 Hadoop 节点启动起来

```
cd /usr/spark/spark - 2. 4. 4 - bin - hadoop2. 7
sbin/start - all. sh
```

K – Means 实 例 代 码

```
import org. apache. spark. ml. clustering. {KMeans,KMeansModel}
import org. apache. spark. ml. linalg. Vectors
import spark. implicits. _
case class model_instance (features: org. apache. spark. ml. linalg. Vector)
//读取样本数据到 rawData 中
val rawData = sc. textFile("hdfs://master:9000/wppdata/data/Kmeansdata. csv")
val df = rawData. map(
    line =>
        {    model_instance(    Vectors. dense(line. split(","). filter(p    =>
p. matches("[+-]? \\d * (\\. ?)\\d * "))
        . map(_. toDouble)) )}). toDF()
//创建 KMeans 聚类模型
val kmeansmodel = new KMeans().
        setK(2).
        setFeaturesCol("features").
        setPredictionCol("prediction").
        fit(df)
//读取聚类结果并显示
val results = kmeansmodel. transform(df)
results. collect(). foreach(
        row => {
            println( row(0) + " is predicted as cluster " + row(1))
        })
kmeansmodel. clusterCenters. foreach(
        center => {
            println("Clustering Center:"+center)
        })
//保存结果
results. write. format("json"). save("file:///root/usr")
```

决策树分类算法实例代码

```scala
import org.apache.log4j.{Level,Logger}
import org.apache.spark.mllib.feature.HashingTF
import org.apache.spark.mllib.linalg.Vectors
import org.apache.spark.mllib.regression.LabeledPoint
import org.apache.spark.mllib.tree.DecisionTree
import org.apache.spark.mllib.util.MLUtils
import org.apache.spark.{SparkConf,SparkContext}

//csv 转换为 libsvm 并将转换后的 libsvm 文件存储在 HDFS 上
val sc = new SparkContext()
    val input_path = "hdfs://master:9000/wppdata/data/DTdata.csv"
    val output_path = "hdfs://master:9000/wppdata/data/DTdata_svm.txt"
    val rawData = sc.textFile(input_path)
    val libsvm_pattern = rawData.map(line => {
      val data = line.split(",")
      var label = data.apply(0).toString
      var i = 2
      while (i <= data.length){
        label += " "
        label += (i-1).toString + ":"
        label += data.apply(i-1)
        i += 1
      }
      label.trim
})
libsvm_pattern.saveAsTextFile(output_path)
//加载 libsvm 文件,并将数据分为 70% 训练数据和 30% 测试数据
val data = MLUtils.loadLibSVMFile(sc,output_path)
val splits = data.randomSplit(Array(0.7,0.3))
val (trainingData,testData) = (splits(0),splits(1))
//设置决策树分类参数
val numClasses = 2
```

```
val categoricalFeaturesInfo = Map[Int, Int]()
val impurity = "gini"
//最大深度
val maxDepth = 5
//最大分支
val maxBins = 32
//模型训练
val model = DecisionTree. trainClassifier(trainingData, numClasses,
categoricalFeaturesInfo, impurity, maxDepth, maxBins)
//模型预测
val labelAndPreds = testData. map { point =>
  val prediction = model. predict(point. features)
  (point. label, prediction)
}
//测试值与真实值对比(显示前15个)
val print_predict = labelAndPreds. take(15)
println("label" + "\t" + "prediction")
for (i <- 0 to print_predict. length - 1) {
  println(print_predict(i). _1 + "\t" + print_predict(i). _2)
}
//树的错误率
val testErr = labelAndPreds. filter(r => r. _1 != r. _2). count. toDouble /
testData. count()
println("Test Error = " + testErr)
//打印树的判断值
println("Learned classification tree model:\n" + model. toDebugString)
```

线性回归算法实例代码

```
import org. apache. spark. SparkContext
import org. apache. spark. ml. feature. {LabeledPoint，StandardScaler}
import org. apache. spark. ml. regression. LinearRegression
import org. apache. spark. ml. linalg. Vectors
import org. apache. spark. ml. linalg. Vector
//读取样本数据到 rawData 中
    val sc = new SparkContext()
    val sqlContext = new org. apache. spark. sql. SQLContext(sc)
    val input = "hdfs://master:9000/wppdata/data/LRdata. txt"
    val data = sc. textFile(input)
    import sqlContext. implicits._
    val rawData = data. map{
      line => {
        val parts = line. split(",")
        (parts(0). toDouble , Vectors. dense(parts(1). split(' '). map(_. toDouble)))
      }
}. toDF("label"，"features")
//将数据进行标准化
    Val scaler = new
StandardScaler(). setInputCol("features"). setOutputCol("ss_features"). setWith
Mean(false). setWithStd(true)
    val scaler_model = scaler. fit(rawData)
    val scaler_data = scaler_model. transform(rawData)
    val training = scaler_data. rdd. map(line => LabeledPoint(line. getDouble(0),
line. getAs[Vector](2)))
//创建线性回归模型
  val lr1 = new LinearRegression()
    val lr2 = lr1. setFeaturesCol("features"). setLabelCol("label"). setFitIntercept(true)
```

```
val lr3 = lr2. setMaxIter(10). setRegParam(0. 3). setElasticNetParam(0. 8)
    val lr = lr3
    val lrModel = lr. fit(rawData)
    val preds = lrModel. transform(rawData)
preds. select("label","prediction"). show()
```

参 考 文 献

［1］ 张国昊. 智慧风电场发展现状及规划建议 ［J］. 数码设计 （下），2020，9 （2）：71.

［2］ 赵靓. 天源科创：由内至外力推数字化风电场建设 ［J］. 风能，2014 （3）：32 - 33.

［3］ 汪文东. 基于信息化技术的智慧风场体系构建及案例研究 ［D］. 南京：南京理工大学，2019.

［4］ 周容. 关于风电信息化管理的思考——以国电电力为例进行探讨 ［J］. 价值工程，2019，38 （31）：7 - 8.

［5］ 冯宝平，曹立海，董文斌，等. 探索风电场信息化、数字化、智能化建设之路 ［J］. 风力发电，2018 （5）：5 - 7.

［6］ 吴智泉，王政霞. 智慧风电体系架构研究 ［J］. 分布式能源，2019，4 （2）：8 - 15.

［7］ 王其乐，王寅生，尹诗. 数字化风电场建设的探索与实践 ［J］. 现代信息科技，2020，4 （7）：120 - 123.

［8］ 高月锁. 数字化风电信息标准体系规划 ［J］. 数字技术与应用，2019，37 （5）：211 - 212，214.

［9］ 孙蕾，沈石水. 风电场调度自动化系统的设计与应用 ［J］. 风能，2012 （7）：60 - 6

［10］ 邱岩，梁志静. 风电场生产运维管理系统的设计与应用 ［J］. 风能，2015 （8）：52 - 55.

［11］ 寇兴魁. 风电场管理信息系统的设计与实现 ［D］. 成都：电子科技大学，2013.

［12］ 刘兴华. 银星风电场生产管理系统的设计与实现 ［D］. 北京：华北电力大学，2017.

［13］ 翟永杰，李冰，乔弘，等. 分布式风电物联网平台设计与工程实践 ［J］. 南方能源建设，2017，4 （3）：23 - 29.

［14］ 黄敏，徐菲，刘珺. 基于云计算与物联网的风力发电智能监测系统研究 ［J］. 可再生能源，2017，35 （7）：1032 - 1037.

［15］ 沈小军，周冲成，付雪姣，等. 风电场风参数感知方法现状与展望 ［J］. 同济大学学报 （自然科学版），2018，46 （9）：1289 - 1297.

［16］ 高淑杰，田建艳，王芳. 基于 MC 的风电场参数预测模型的误差修正 ［J］. 电子技术应用，2016，42 （7）：114 - 118.

［17］ 王思华，郑树强，丁轶华. ZigBee 无线传感器网络技术及其应用探讨 ［J］. 无线电工程，2020，50 （5）：415 - 417.

［18］ 张琴，杨胜龙，伍玉梅，等. 几种常见的物联网通讯方式及其技术特点 ［J］. 计算机科学与应用，2017，7 （10）：984 - 993.

［19］ 汪文东. 基于信息化技术的智慧风电场体系构建及案例研究 ［D］. 南京：南京理工大学，2019.

［20］ 陈征宇. 并网风电场全景监控系统建设思路浅析 ［J］. 机电信息，2020 （9）：16 - 17，20.

［21］ 乔依林. 风电运行数据预处理技术及其应用研究 ［D］. 北京：华北电力大学，2019.

［22］ 黄美灵. Spark MLlib 机器学习——算法、源码及实战详解 ［M］. 北京：电子工业出版社，2016.

［23］ 拉结帝普·杜瓦，（印）曼普利特·辛格·古特拉，（南非）尼克·彭特里思. Spark 机器学习 ［M］. 2 版. 蔡立宇，等译. 北京：人民邮电出版社，2018.

［24］ 赵刚. 大数据：技术与应用实践指南 ［M］. 2 版. 北京：电子工业出版社，2016.

［25］ 楼振飞. 能源大数据 ［M］. 上海：上海科学技术出版社，2016.

［26］ 张良均，樊哲，赵云龙，等. Hadoop 大数据分析与挖掘实战 ［M］. 北京：机械工业出版

社，2015.

[27] 熊赟，朱扬勇，陈志渊. 大数据挖掘 [M]. 上海：上海科学技术出版社，2016.

[28] 林子雨. 大数据技术原理与应用　概念、存储、处理、分析与应用 [M]. 2 版. 北京：人民邮电出版社，2017.

[29] 秦海岩. 读懂下一个十年 [J]. 风能，2017 (11)：1.

[30] 陈忠义. 基于 Hadoop 的分布式文件系统 [J]. 电子技术与软件工程，2017 (9)：175-175.

[31] 郑启龙，房明，汪胜，等. 基于 MapReduce 模型的并行科学计算 [J]. 微电子学与计算机，2009，26 (8)：13-17.

[32] 陈昕，刘朝晖. 主资源公平调度算法在 YARN 中应用研究 [J]. 电脑知识与技术，2016，12 (5)：173-175.

[33] 陈虹君. 基于 Hadoop 平台的 Spark 框架研究 [J]. 电脑知识与技术，2014 (35)：8407-8408.

[34] 王海华. Spark 数据处理平台中内存数据空间管理技术研究 [D]. 北京：北京工业大学，2016.

[35] 张殿超. 大数据平台计算架构及其应用研究 [D]. 南京：南京邮电大学，2017.

[36] 陈敏敏，王新春，黄奉线. Storm 技术内幕与大数据实践 [M]. 北京：人民邮电出版社，2015.

[37] 侯颖. SparkStreaming 系统性能建模关键技术研究 [D]. 北京：北京工业大学，2017.

[38] 谭勇. Spark 和 Flink 的计算模型对比研究 [J]. 计算机产品与流通，2019 (4)：154-155.

[39] 袁培森，舒欣，沙朝锋，等. 基于内存计算的大规模图数据管理研究 [J]. 华东师范大学学报（自然科学版），2014 (5)：55-71.

[40] 赵翔，李博，商海川，等. 一种改进的基于 BSP 的大图计算模型 [J]. 计算机学报，2017 (1)：225-237.

《大规模清洁能源高效消纳关键技术丛书》
编辑出版人员名单

总 责 任 编 辑　王春学

副总责任编辑　殷海军　李　莉

项 目 负 责 人　王　梅

项 目 组 成 员　丁　琪　邹　昱　高丽霄　汤何美子　王　惠
　　　　　　　　　蒋雷生

《风电场信息化与大数据技术》

责 任 编 辑　汤何美子　王　梅

封 面 设 计　李　菲

责 任 校 对　梁晓静　张伟娜

责 任 印 制　崔志强　冯　强